지금까지 쌓아온
당신의 작은 축적은 앞으로 경험하게 될
큰 성장의 소중한 밑거름이 될 것입니다.
앞으로도 지금처럼 매일
작은 축적을 지속하여 빛나는 목표에
도달하길 바랍니다.
당신의 노력을 응원합니다!

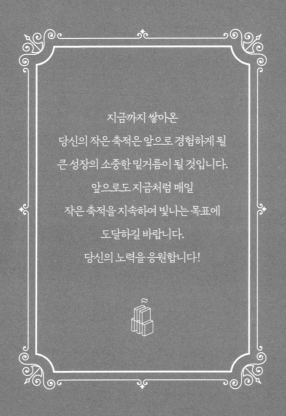

대치동
수학 공부의
비밀

대치동 수학 공부의 비밀

초판 1쇄 발행 | 2021년 1월 10일
초판 3쇄 발행 | 2021년 2월 15일

지은이 | 고대원
발행인 | 이종원
발행처 | (주)도서출판 길벗
출판사 등록일 | 1990년 12월 24일
주소 | 서울시 마포구 월드컵로 10길 56(서교동)
대표 전화 | 02)332-0931 | 팩스 · 02)323-0586
홈페이지 | www.gilbut.co.kr | 이메일 · gilbut@gilbut.co.kr

기획 및 책임편집 | 최준란(chran71@gilbut.co.kr) | 디자인 · 강은경 | 제작 · 이준호, 손일순, 이진혁
영업마케팅 · 진창섭, 강요한 | 웹마케팅 · 조승모, 황승호 | 영업관리 · 김명자, 심선숙, 정경화
독자지원 · 송혜란, 윤정아

편집진행 및 교정 · 장도영 프로젝트 | 전산편집 · 수디자인 | 인쇄 · 벽호 | 제본 · 벽호

ISBN 979-11-6521-418-0 03410
(길벗 도서번호 050156)

독자의 1초를 아껴주는 정성 길벗출판사

||| (주)도서출판 길벗 ||| IT실용, IT/일반 수험서, 경제경영, 인문교양(더퀘스트), 자녀교육, 취미실용 www.gilbut.co.kr
||| 길벗이지톡 ||| 어학단행본, 어학수험서 www.gilbut.co.kr
||| 길벗스쿨 ||| 국어학습, 수학학습, 어린이교양, 주니어 어학학습, 교과서 www.gilbutschool.co.kr

||| 페이스북 ||| www.facebook.com/gilbutzigy
||| 트위터 ||| www.twitter.com/gilbutzigy

대치동
수학 공부의
비밀

고대원(대치동캐슬학습센터 원장) 지음

'나는 왜 내 친구들보다 공부를 못할까?'

'공부를 잘하고 실력을 키우려면 어떻게 해야 할까?'

제가 뛰어난 사람들 틈에서 한계를 느끼며 10년 넘게 되뇌었던 질문입니다. 제 이력만 보시면 '원래부터 뛰어난 학생이었네'라고 생각하실지 모르겠습니다. 하지만 저는 그저 암기 잘하는 노력형 학생이었을 뿐입니다. 그래서 명문대에 들어간 뒤로 계속 한계에 부딪혔고, 그 한계를 극복하기 위해 공부로 한 획을 그은 사람들을 찾아다니며 공부법을 배우는 등 많은 노력을 기울였습니다.

그렇게 대학교를 졸업한 뒤에는 배움과 교육에 대한 꿈을 이루기 위해 현대자동차 인재개발원 임원교육팀에 입사했습니다. 그 뒤로 서울대학교 교육학과 석사 과정에 입학해 교육공학을 전공하고, 지금은 대치동에서 학생들을 지도하고 있습니다. 그 과정에서 공부의 노하우를 깨닫고, 제 경험과 교육학자 라이겔루스의 정교화 이론(간단하고 기초적인 것부터 시작해 구체적이고 복잡한 수준으로 옮겨가야 한다는 교육 이론)을 결합해서 지금의 '백지개념 공부법'을 만들게 되었습니다.

저는 수학을 지도할 때 개념 학습과 문제 풀이 중에서 개념 학습을 좀 더 강조하는 편입니다. 개념이 완벽히 숙지돼야 어떤 문제든 풀어나갈 수 있거든요. 그런 고민 끝에 만들어진 백지개념 공부법은 배운 수학 개념을 백지에 정리하며 연습한 뒤에 백지개념테스트로 얼마나 그 개념을 익혔는지 알아보는 것까지 포함하는 개념 학습법입니다. 제가 아이들을 지도할 때 실제로 적용하고 있는데, 수학 개념을 탄탄히 익힌 아이들은 성적이 좋은 것은 물론이고 실력이 무너지지 않고 지속적으로 발전하는 것을 매번 확인하고 있습니다.

제가 이렇게 학습의 방향성을 찾는 과정에서 발견한 것이 또 하나 있습니다. 그것은 공부 습관의 중요성입니다. 서울대학교 대학원에 입학해보니 공부 잘하고 성과가 뛰어난 이들이 멘탈 문제로 고생하는 경우가 수없이 많았습니다. 안타까운 마음에 해결방안을 모색하다가 이안 로버트슨의 '승자효과'를 알게 되었고, 그 이론을 근간으로 '5분 습관' 모임을 시작했습니다. 매일 자신만의 생활 템플릿을 가지고 꾸준히 작은 습관들을 축적하다 보면 작은 성공을 쌓게 되고, 그로 인해 자존감이 올라가면서 어느 순간 자신의 한계를 넘을 수 있다는 확신이 있었습니다. 그래서 시행착오를 여러 번 겪으면서도 모임을 유지했고, 지금도 서울대학교 학생들의 습관 모임과 학부모님들의 습관 모임을 운영하며 매일 작은 습관들을 쌓아가고 있습니다.

저는 교육의 가장 중요한 방향은 지속 가능성이라고 생각합니다. 개념 학습도 작은 습관도 지금 당장은 효과를 느낄 수 없겠지만 계속 해나갈 수 있는 지속 가능성이 내재되어 있습니다. 그리고 결과적으로, 처음에는 보이지 않던 차이가 점점 커지면서 큰 성과로 발현됩니다.

　이런 지속 가능한 교육이 공교육 현장에서 이뤄지면 좋겠지만 공교육의 특성상 제가 원하는 만큼의 변화가 이뤄지기 어렵다는 것을 압니다. 그래서 저부터 사교육의 현장에서 시스템을 구축하려고 합니다. 그리고 나중에는 그 시스템을 사회의 발전에 기여하고 싶습니다. 이를 위해 대치동에서 다양한 부모님들과 아이들을 만나면서 지속 가능하고 효과적인 교육 방법을 찾으려 노력하고 있습니다.

　이 책에는 그동안 해온 제 노력의 결과가 거의 모두 실려 있습니다. 제가 경험한 대치동 교육의 현실과 관련 정보들을 비롯해 수학을 대하는 자세, 수학을 제대로 공부하는 원칙과 방법, 학습 성과를 높이는 공부 습관, 시험에 강해지는 비결 등 수학 공부에 도움이 되는 내용들을 최대한 자세히 실었습니다. 수학은 누구에게

나 어려운 과목이지만, 제대로 된 방법으로 공부하면 원하는 성과를 얻을 수 있습니다.

그런데 한 가지 염려되는 것이 있습니다. 이 책을 통해 대치동 사교육의 현실을 보시고 지금 내가 부모로서 잘하고 있는 건지, 내 아이를 너무 편하게 두는 건 아닌지, 이러다 정작 대학교 입시에서 우리 아이가 뒤처지는 건 아닌지 걱정하거나 조급해하실지도 모른다는 것입니다. 그런데 제가 경험해보니 어느 부모든 자녀 교육에 대한 고민은 같으며, 자녀 교육의 성패는 부모의 투자 규모에 의해 결정되지 않더군요. 그러니 이 책에 실린 대치동 교육의 현실은 내 아이의 공부 목표를 잡는 데 참고하시고, 공부 방법과 공부 습관은 내 아이에게 맞게끔 활용하시면 좋겠습니다.

책이 나오기까지 많은 분들의 도움이 있었습니다. 모든 지원을 아낌없이 해주신 길벗출판사의 최준란 편집부장님과 팀원 분들,

대치동캐슬학습센터에서 함께 일하며 조언을 주신 장재석 선생님과 황수련 님, 글을 쓰는 과정에서 제게 안정감과 용기를 준 강수진 님, 그리고 유튜브 채널을 통해 공감해주시고 의견을 주신 구독자 분들에게 감사의 마음을 전합니다. 이 분들 덕분에 무사히 책이 나올 수 있었습니다. 그리고 오늘도 함께 공부하고 소통하면서 하루하루를 함께하는 제 학생들과 학부모님들에게 진심으로 감사합니다.

이 책이 더 많은 분들에게 작게나마 도움이 되면 좋겠습니다. 보내주신 사랑에 보답할 수 있도록 최선을 다하겠습니다. 감사합니다.

2021년 1월, 고대원

CHAPTER 02

어떻게 하면 수학 자신감을 심어줄 수 있을까?

: 수학 부담감을 덜어줄 부모의 말과 행동

CHAPTER 03

공부 습관이 잡혀야 수학 실력도 늘어납니다
: 주변 정리부터 플래너 사용까지

개념을 완벽히 외워야 어떤 문제도 풀 수 있습니다

: 백지개념테스트와 $\frac{1}{9}$ 개념노트

CHAPTER 05

중등수학이 탄탄하면 대입이 수월해집니다
: 대수와 기하의 학습 포인트 & 학년별 공부법

CHAPTER 06

시험에 강해지면 수학이 재미있어집니다
: 실수 줄이는 오답노트 만들기 & 많틀수 확실히 잡기

우리 아이 수학 실력,
왜 제자리일까?

: 수학 앞에서 움츠러드는 마음 이해하기

이번 장에서는 부모가 생각하는 수학 공부와 자녀가 느끼는 수학 공부가 어떻게 차이 나는지를 이야기합니다. 그 차이를 알고 나면 아이의 수학 성적이 왜 제자리인지, 내 아이의 수학 공부를 집에서 어떻게 도와줄 수 있을지 감이 잡힐 것입니다.

$\times$

아버님들도 알아야 할
요즘 교육의 현실

요즘 아이들은 수학 공부를 빠르면 유치원 때부터 시작합니다. 간단한 교구 활용에서 시작해 학습지를 거쳐 학원을 다니며 열심히 공부합니다. 대입이라는 중대한 시험을 향해서 말이죠. 그런데 희한하게도 아이들의 수학 실력은 학년이 올라갈수록 떨어집니다. 아니, 실력이 떨어진다기보다 수학이라는 과목을 점점 어려워하고, '포기'라는 단어를 떠올릴 만큼 싫어하기도 합니다.

제가 만나본 부모님들, 그중에서도 아버님들은 아이들의 이런 모습을 보면서 의아해하셨습니다. 수학이 재미있을 순 없겠지만, '어렸을 때부터 수학을 접한 만큼' 수학 실력이 꾸준히 좋아져야 하는 것 아니냐고 묻습니다. '내가 공부할 때보다' 훨씬 공부하기 좋아지고 부모가 지원을 팍팍 해주는데, 뭐가 문제냐고 하십니다. '나는 교과서로만 공부했는데도 대학에 잘만 갔는데' 요즘 아이들은 학원에 과외에 인터넷 강의까지 들으면서 어렵다고 하니 이해가 안 된다면서 '요즘 아이들이 엄살이 심하고 나약해서 그렇다'고 생각들을 하십니다. 그러면서 아이의 공부를 주도한 아내에게 원망의 화살을 돌리기도 합니다.

특목고를 목표로 점점 빨라지는 선행… 엄연한 현실입니다

아버님들의 말씀도 저는 이해가 됩니다. 하지만 아버님들이 놓치는 교육의 현실이 있습니다. 내 아이가 열심히 공부해도 내 아이보다 공부를 더 잘하는 아이들이 많다는 것입니다. 무슨 의미냐고요? 요즘 아이들의 실력이 아주 많이 상향 평준화됐다는 뜻입니다. 그 이유로 '빨라진 선행학습'을 들 수 있습니다.

그러면 선행학습은 왜 이렇게 빨라졌을까요? 그 이유는 자녀를 특목고에 보내고 싶어 하는 부모님들이 많기 때문이고, 부모님들이 특목고를 희망하는 이유는 특목고의 높은 대학 진학률 때문입니다. 특목고란 영재고, 과학고, 하나고, 민사고, 용인외고 등 '들어가기 힘들다'고 알려진 고등학교들을 말합니다. 물론 일반고에서도 대학교에 가는 아이들이 많지만 특목고의 대학 진학률이 훨씬 높은 건 부정할 수 없는 현실입니다.

아래 기사는 화제가 많이 되었는데요. 전국 단위 자율형 사립고(자사고)인 하나고의 대학 진학률에 대해 다루었습니다.

하나고의 대학 진학률 관련 기사
(이미지 출처: https://news.joins.com/article/23262127)

그 내용을 보면, 2019학년도 대학 입시에서 하나고의 재학생 207명 중 49명이 서울대학교에 합격했습니다. 약 25%입니다. 의대와 연세대학교, 고려대학교 등 상위권 대학들에 합격한 인원까지 합치면 그 성공 비율이 훨씬 높아지겠죠. 물론 정도의 차이는 있지만 영재고, 과학고, 민사고 등 다른 특목고들의 대학 진학률도 이와 비슷합니다.

그럼 특목고의 대학 진학률이 좋은 건 무엇을 의미할까요?

과거 부모 세대는 일반 고등학교에 다녀도 공부를 잘하면 상위

권 대학에 입학하는 경우가 많았지만, 지금은 고등학교 입시에서 이미 대학 입시의 많은 부분이 결정된다는 것을 의미합니다. 즉 대학 입시의 큰 흐름이 결정되는 시기가 고등학교 입시로 앞당겨지고 그 영향으로 아이들이 준비해야 하는 입시 역시 3년 앞당겨진 것입니다.

이런 입시의 흐름을 어머님들은 잘 알고 있습니다. 그래서 아직 아이가 어려도 '좋은 고등학교에 가려면 초등학교와 중학교 때부터 준비를 해야 한다'는 생각에 마음이 급하십니다. 대학 입시까지 기다릴 여유가 없는 것이지요.

선행에 맞춰 실력이 상향 평준화됐습니다

현실이 이렇다 보니 초등학교 때 실컷 놀다가 중학교 때 열심히 공부한 아이들은 특목고에 가는 것이 쉽지 않습니다. 그런 고등학교들의 입시에서 가장 중요하게 여기는 것 중 하나가 높은 내신이기 때문입니다. 즉 중학교 때 성적이 좋아야 합니다. '그렇다면 중학교 때 열심히 공부하면 되지 않느냐' 하시겠지만, 요즘 중학교 1학년들은 자유학년제라고 해서 1년 동안 공식적인 시험이 없습니다. 학교마다 간단한 평가 방식은 있겠지만, 1년 동안 아예 시험을 안 치르는 학교들이 많아졌습니다. 그렇기에 좋은 고등학교에 가려면 중학교 2학년과 3학년 내신에서 결판을 내야 합니다. 그러나 현실적으로 상황을 뒤바꾸기엔 2년이라는 시간은 짧습니다. 이 말은 이미 중학교에 들어갈 때 웬만큼 실력이 완성돼 있어야 한다는 뜻도 됩니다.

상황이 이러하니 초등학생의 선행도 빨라졌습니다. 제가 수학을 가르치니 수학으로 설명을 해보겠습니다.

여러분은 초등학교 6학년 때 몇 년 정도 수학 선행을 하셨나요? 중학교가 아니고 초등학교 때 말입니다. 저 때만 해도 2년 선행, 그러니까 초등학교 6학년이 중학교 2학년 정도의 수학 공부를 하는 것도 드문 일이었습니다. 그런데 요즘은 대치동에서 진도가 빠른 아이들은 초등학교 6학년이 고등학교 1학년 수학을 공부합니다. 4년을 선행하는 것이지요. 이 정도를 해야 중학교 때 웬만큼 실력이 완성돼서 특목고에 들어가기 쉽기 때문입니다. 특히 서울 대치동·목동·중계동, 경기도 평촌·분당, 대구 수성구 등 아이들이 공부를 열심히 하려고 모인 지역에서는 이 현상이 더 두드러집니다.

게다가 시험이 변별력이 있으려면 아이들의 실력에 맞춰 난이도를 지속적으로 높일 수밖에 없으니 시험문제는 더 어려워졌습니다. 대학교나 대학원 입학시험도 마찬가지입니다. 제가 대학원에 입학하기 위해 텝스(TEPS) 시험을 봤는데, 처음엔 난이도가 적절했던 시험 수준이 의학전문대학원이나 로스쿨 학생들이 응시하면서 2~3년 사이에 난이도가 급격히 올라갔습니다.

이처럼 요즘은 고등학교 입시, 대학교 입시에서 좋은 점수를 얻기 위한 노력의 수준이 예전보다 훨씬 높아졌음을 염두에 두고 자녀를 바라보시면 좋겠습니다. 그러면 학원에 과외에 인터넷 강의까지 들으며 공부해야 하는 현실이 와 닿을 것이고, 그런 현실을 감내해야 하는 아이가 안쓰러울 것입니다. 그리고 아내는 왜 그렇게 아이를 공부시키려 하는지 이해될 것입니다.

다른 과목보다 수학을 훨씬 어려워하는 이유

전국의 모든 부모님들은 수학 공부에 관심이 많습니다. 그러나 정작 아이들은 수학을 가장 어려워하고 피하고 싶어 합니다. 부모님들이 그 많은 과목 중에서 특히 수학에 신경을 많이 쓰는 이유는 무엇일까요? 아이들은 왜 그렇게 수학을 어려워할까요?

제 경험을 토대로 그 이유를 세 가지로 설명하겠습니다.

수학은 지름길이 없습니다

수학과 함께 중요한 과목이라고 평가받는 영어는 그나마 공부하기가 수학보다는 낫습니다. 외국에서 살다 온다든지, 영어 유치원에 다닌다든지, 영어 동요를 듣거나 영어 애니메이션을 보게 하면 영어 실력을 향상시킬 수 있거든요. 그래서 대치동에서는 영어가 변별력 있는 과목이 아닙니다.

하지만 수학은 다릅니다. 외국에서 살다 온다고 나아지지 않습니다. 오히려 미국에서 수학을 공부한 아이들은 한국에서 수학을 배운 아이들보다 실력이 뒤처지는 경우가 많습니다. 미국에서는 수학을 우리나라처럼 어렵게 가르치지 않거든요. 그렇다고 해서 한국에서 살면 자연스럽게 수학 실력이 좋아지느냐? 그것도 아닙니다. 한국에서 산다는 이유로 방정식과 인수분해를 자연스럽게 알게 되는 경우는 없잖아요?

이렇듯 수학은 실력을 쉽게 향상시킬 지름길이 없기 때문에 누구든 그냥 힘들게 노력하고 열심히 공부해야 합니다. 아이가 어렸을 때 사고력 수학을 해서 자연스럽게 수학과 친해지게 하면 좀 낫지 않을까 생각하는 부모님들도 계시지만, 본질적으로 사고력 수학은 수학을 선행하되 이해하기 쉽게 풀어서 설명해놓은 것에 가깝습니다.

사실 저는 누구나 예외 없이 열심히 공부해야 한다는 점에서 수학이 상대적으로 공평한 과목이라고 생각합니다. 이는 제가 수학 교사가 된 이유이기도 합니다.

수학은 실력 완성까지 많은 시간이 필요합니다

수학은 일정한 체계가 있고, 실력이 완성되기까지 시간이 꽤 걸린다는 점도 수학 공부를 어렵게 만듭니다. 예를 들어, 중학교 1학년 1학기 과정을 배우지 않고 2학년 1학기 과정으로 바로 넘어갈 수 없습니다. 한 과정을 배우는 데 필요한 절대시간이 있고, 대부분의 과정은 기본과 심화로 반복해서 공부해야 하기 때문에 시간이 오래 걸립니다. 일부 부모님들이 이 시간을 줄이기 위해 기본만 하고 다음 과정으로 넘어가게 하는데, 이건 본질적으로 위험합니다. 심화를 건너뛴 부작용이 언젠가는 나타날 테니까요.

수학은 한 과정의 기본과 심화를 모두 거치기까지 3~4개월 정도 걸립니다. 여러 명이 함께 수업을 듣는 정규반의 경우 빠르면 한 과정에 3개월 정도 걸려서 중학교 1학년 과정부터 3학년 과정까지 한 번 훑는 데 1년 6개월이 걸립니다. 혹시 특목고 입학을 목표로 하고 있다면 선행 진도를 빨리 나가서 고등수학 과정도 해야 하는데, 고등수학 과정은 중등수학 과정보다 확실히 난이도가 높고 학습할 양이 많아 공부에 필요한 시간이 훨씬 더 늘어납니다.

아무리 의지와 에너지가 넘치는 아이도 수학 공부에 필요한 절대 시간은 줄일 수 없기 때문입니다.

이런 상황을 아는 부모님들은 자녀에게 공부를 시킬 때 본능적으로 수학을 먼저 고민합니다.

수학은 무너지기가 너무 쉽습니다

다른 과목도 마찬가지이지만 수학은 개념으로 이루어진 체계입니다. 그리고 다른 과목들에 비해 실생활에서 사용할 일이 별로 없습니다. 예를 들어 가우스 기호를 평소에 쓸 일이 있을까요? 없습니다. 그렇기 때문에 무조건 의지력을 가지고 공부해야 합니다.

이런 특성 때문에 수학 공부는 지루하고 어려울 때가 많습니다. 그래서 집중력을 살짝 놓으면 한 단원을 빼먹게 되고, 그 뒤의 단원들까지 깔끔하게 날려버리고 맙니다. 즉 수학은 실력을 쌓기까지 매우 오랜 시간이 걸리지만 무너지는 건 한순간입니다.

예를 들어, 중학교 2학년 1학기 수학의 2단원은 '문자와 식'입니다. x와 y로 이차식을 만들어 연산하는 방법을 배웁니다. 여기에서 집중력을 놓아버리면 이 문자들로 연산을 하는 연립방정식, 일차방정식, 이차방정식, 그 뒤 삼·사차방정식까지 모두 놓치게 됩니다. 그러면 같은 과정을 두세 번 다시 공부해야 하고, 그 과정에서 아이들은 지루해하다가 결국 수학을 포기하는 일이 발생합니다. 다이어트를 할 때 한 달 고생해서 1kg을 뺐는데 단 하루 만에 다시 1kg이 찐 것을 확인하고 다이어트를 포기하는 것과 같은 원리입니다.

이처럼 수학을 공부하는 과정은 만만치 않습니다. 이것을 아는 부모님들은 곳곳에 숨어 있는 학습 장애물들을 잘 피하거나 뛰어넘고자 조금 더 빨리 공부를 시키는데, 그렇더라도 수학 공부의 어려움은 사라지지 않습니다.

제가 대치동에서 여러 아이들을 가르치면서 터득한 진리가 있습니다. 그것은 '가장 빠른 선행은 두 번 반복하지 않는 선행'입니다. 물론 하나하나 차분히 공부하는 모습은 옆에서 지켜보는 부모 입장에서는 느리게 느껴지고 답답하겠지요. 하지만 중간에 무너지면 어차피 처음으로 되돌아와야 합니다. 그러면 시간뿐만 아니라 의지력도 함께 잃게 됩니다. 그래서 처음 배울 때 같은 과정을 두 번 하지 않도록 최대한 탄탄하게 익히는 것이 정말 중요합니다.

문제집을 많이 풀어도
수학 실력이 늘지 않는 이유

수학을 좀 한다는 아이들을 보면 푸는 문제집만 해도 여러 권입니다. 기본, 심화, 연산 등 유형별 문제집을 단계별로 풀고, 난이도가 높은 문제집도 척척 풀지요. 그런 아이들을 사람들은 '수학을 잘하는 아이'로 단정 짓습니다. 저도 처음엔 그렇게 생각했는데 여러 아이들을 가르치다 보니 문제집의 난이도나 권수가 성적과 비례하지 않는 것 같습니다. 그래서 이제는 학부모 상담 때 그 자녀가 난이도 높은 수학 문제집을 푼다고 해도 놀라지 않습니다.

모든 아이가 그런 건 아니지만 수학 문제집을, 그것도 어려운 문제집을 많이 푸는데 수학 실력이 늘지 않는 이유는 무엇일까요?

저는 그 이유를 크게 두 가지로 보고 있습니다.

찍어서 맞힌 문제는 틀렸다고 봐야 합니다

첫 번째 이유는 개념을 이해하지 않은 채 찍어서 문제를 풀기 때문입니다. 간단한 예를 들어볼게요.

아래는 도형의 넓이를 구하는 문제인데, 대부분의 아이들은 색종이가 겹쳐진 부분의 두 도형이 합동 같아 보이니 $4 \times 4 \times \frac{1}{4} = 4$라고 찍습니다.

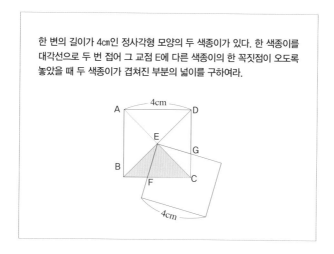

한 변의 길이가 4㎝인 정사각형 모양의 두 색종이가 있다. 한 색종이를 대각선으로 두 번 접어 그 교점 E에 다른 색종이의 한 꼭짓점이 오도록 놓았을 때 두 색종이가 겹쳐진 부분의 넓이를 구하여라.

사실 이 문제는 두 삼각형이 합동인 걸 증명하는 것이 목표입니다. 이것은 ASA 합동(대응하는 한 변의 길이가 같고 그 양끝 각의 크기가 각각 같을 때)인데, 합동임을 증명하려면 두 삼각형의 가운데 각이 같다는 것을 밝히는 것이 제일 어려운 일이에요. 그래서 대부분의 아이들은 그 과정을 거치기보다 딱 봐도 두 삼각형의 각이 같아 보이고 또 비슷해 보이니 '합동'이라고 찍습니다. 결과적으로는 맞힌 것이지만, 실상은 문제 푸는 방법을 모른다고 봐야 합니다. 이런 경우에는 모르는 것은 확실히 알고 넘어가게 해야 합니다.

힌트를 보면서 푼 문제는 진짜 실력이 아닙니다

두 번째 이유는, 문제 주변에 풀이에 대한 힌트가 있고 그것을 보고 풀기 때문입니다. 저는 이게 첫 번째 이유보다 더 크다고 생각합니다.

풀이에 대한 힌트는 주로 심화 문제집에 많습니다. 심화 문제집의 속성상 어려운 문제들이 많은데, 가장 어려운 단원의 문제들은 너무 어렵기 때문에 아이들을 배려하는 차원에서 문제 주변에 개념을 적어주거나, 힌트 · 팁 · 포인트라는 이름으로 문제 풀이에 필요한 소스를 알려줍니다. 그런데 문제를 푸는 가장 큰 이유는 그 소스를 찾아내기 위해서거든요.

문제 주변에 풀이에 대한 힌트가 있으면 그걸 기반으로 풀기 때문에 우리가 생각하는 것보다 훨씬 쉽게 풉니다. 그렇게 해서 문제를 맞히면 좋은 거 아니냐고요? 그렇지 않습니다. 풀이 힌트를 보고 풀어서 맞히면 아이들은 그 문제를 온전히 자기 힘으로 풀었다고 생각합니다. 답지를 본 게 아니니까요. 하지만 그건 큰 착각입니다.

제가 풀이 힌트의 영향력이 궁금해서 한번은 문제집에서 힌트를 다 빼고 문제들을 재조합해 아이들에게 풀게 했어요. 그랬더니 같은 문제인데도 너무 어려워서 저와 아이들 모두 당황했던 경험이 있습니다. 힌트가 있고 없고의 차이가 엄청나다는 걸 실감했지요. 그래서 저는 힌트를 참고해서 푼 문제는 답을 맞혔더라도 문제에서 추구하는 목표를 100% 달성했다고 보기가 어렵다는 결론을 내렸습니다.

가끔은 진짜 실력을 확인해보세요

그러니 아이가 평소에 어려운 문제집을 잘 풀어도 가끔은 얼마나 이해하고 풀었는지를 확인할 필요가 있습니다. 가장 확실한 방법은 문제집에서 어려워 보이는 문제 몇 개를 골라 눈앞에서 다시 풀어보라고 하는 겁니다. 더 좋은 방법은 문제들만 따로 적어서 깨끗한 상태로 다시 주는 것입니다.

만일 부모 앞에서 그 문제들을 깔끔하게 잘 풀면 문제에서 추구하는 개념을 이해한다고 확신할 수 있습니다. 하지만 똑같은 문제인데 힌트가 없어서 못 푼다면 그 문제집이 아이의 실력과 맞는지를 의심해봐야 합니다. 최대한 아무런 힌트도 없는 상태에서 문제를 푸는 연습을 해야 진짜 실력을 기를 수 있습니다.

앞에서도 이야기했지만, 가장 빠른 선행은 두 번 하지 않는 선행입니다. 그렇기 때문에 문제집의 난이도와 양에 집착하기보다는 선택한 문제집을 아이가 처음부터 끝까지 얼마나 이해하고 푸는지에 좀 더 신경을 쓰면 원하는 만큼의 진짜 수학 실력을 얻을 수 있을 것입니다.

같은 과정을 반복해도
실력이 제자리인 이유

수학 학원에서는 같은 과정을 기본, 심화, 최심화로 단계를 높여가 며 수업하는 경우가 많습니다. 그런데 같은 과정의 수업을 두 번 세 번 듣는데도 실력이 제자리인 아이들이 있습니다. 이는 한마디 로, 투자하는 시간과 노력에 비해 학습 효율이 낮은 것입니다.

이런 상황을 그냥 두고만 볼 수 없는 것이, 노력하는 만큼 공부 성과가 제대로 나오지 않으면 다음 단계의 계획이 의미 없어지기 때문입니다. 저는 이런 상황을 해결하기 위해 많은 고민을 했고, 대학원에서 교육공학을 전공하고 아이들을 직접 가르치면서 겨우 그 이유를 찾았습니다.

문제집마다 체계와 범위가 너무 다릅니다

먼저 질문 하나 하겠습니다. 중학교 3학년 1학기 과정의 경우 여러 문제집들에 표현된 개념이 모두 같을까요? "배우는 내용이 다르지 않으니 같을 것"이라고 대답하시는 분들이 많을 것 같습니다. 하지만 아이들의 시선에서 이 문제집들은 체계가 완전히 다른 문제집입니다.

그 예시로 개념 교재로 많이 쓰이는 〈개념플러스유형-파워〉와 심화 교재로 많이 사용하는 〈최고득점 수학〉의 목차를 살펴보겠습니다.

중등수학 3학년 1학기 과정의 목차 비교

개념플러스유형-파워	최고득점 수학
1. 제곱근과 실수 　01 제곱근의 뜻과 성질 　02 무리수와 실수	**Ⅰ. 실수와 그 연산** 　1. 제곱근의 실수 　2. 근호를 포함한 식의 계산
2. 근호를 포함한 식의 계산 　01 근호를 포함한 식의 계산 (1) 　02 근호를 포함한 식의 계산 (2)	**Ⅱ. 다항식의 곱셈과 인수분해** 　1. 다항식의 곱셈 　2. 인수분해
3. 다항식의 곱셈 　01 곱셈공식 　02 곱셈공식의 활용	**Ⅲ. 이차방정식** 　1. 이차방정식의 풀이 　2. 이차방정식의 활용
4. 인수분해 　01 다항식의 인수분해 　02 여러 가지 인수분해 공식	**Ⅳ. 이차함수** 　1. 이차함수와 그 그래프 　2. 이차함수 $y=ax^2+bx^2+c$의 그래프

어떤가요? 비슷해 보이나요? 목차를 봤을 때 가장 큰 차이는 단원의 개수입니다. 〈개념플러스유형-파워〉에서는 3학년 1학기 과정이 6개의 단원으로 구성되어 있고, 각 단원을 마무리하는 단원평가도 6개입니다. 그런데 〈최고득점 수학〉은 단원이 4개, 단원 마무리 문제도 4개입니다. 단원이 6개든 4개든 무슨 차이일까 싶겠지만, 여기서 눈여겨봐야 할 것은 문제집마다 중요하게 다루는 단원이 약간씩 다르다는 점입니다. 같은 말도 다른 뉘앙스로 말하면 의미가 다르게 전달되듯, 같은 내용이지만 체계가 다르면 아이들 마치 두 가지 외국어를 배우는 것처럼 느낄 수 있습니다. 그래서 아이들은 같은 과정이어도 체계가 다른 문제집을 대하면 어려움을 겪습니다.

기본 교재와 심화 교재의 범위가 다른 것도 문제가 됩니다. 기본 교재는 해당 과정의 처음부터 끝까지 차분히 하나씩 알려주기 때문에 아이들은 개념을 1에서 시작해서 10에 끝내는 느낌을 받습니다. 하지만 〈최고득점 수학〉과 같은 심화 교재는 개념을 대략 5에서 시작해 15에 끝냅니다. 그다음에 조금 더 탄탄한 학습을 위해 〈에이급 수학〉이나 〈최상위 수학〉과 같은 최심화 문제집을 선택하면 개념을 10에서 시작해 20에서 끝내게 됩니다.

공부하는 아이들 입장에서는 어떤 생각이 들까요? 기본 교재는 1부터 10까지 배우고, 심화 교재에서는 5부터 15까지 배우고, 최심화 교재에서는 10부터 20까지 배우니 '이놈의 수학은 배울 때마다 모르는 것이 나온다'고 생각할 것입니다. 여기에 같은 과정을 여러 번 공부해도 숙지가 안 되면 결국 '내 머리가 나쁜가봐' 하며 체념할 수 있습니다.

그런데 내용이 충분히 숙지된 상태에서는 이런 상황이 생기지 않습니다. 숙지된 내용을 공부할 때 단원을 6개로 쪼개든 4개로 쪼개든 전혀 상관없기 때문입니다. 하지만 선행이나 현행 학습에서는 교재마다 체계와 범위가 다르면 내용을 받아들이는 과정에서 어려움을 겪어 그다음을 생각할 여유가 전혀 없습니다.

이렇게 차이 나는 체계와 범위를 아이 스스로 하나의 체계로 통합하는 것은 굉장히 어려운 일입니다. 물론 스스로 이들 체계를 하나로 완성하는 아이들이 있긴 합니다. 저는 이런 사람들이 진짜 천재라고 생각합니다. 어려운 문제를 남들보다 더 많이 푸는 것보다, 어렸을 때부터 각기 다른 체계를 하나로 모아야겠다는 발상을 하고 실제 그렇게 하는 것이 훨씬 더 대단한 일이거든요.

학습 결과물은 반드시 눈에 보이는 형식으로 남겨야 합니다

아이들이 학원이나 학교에서 무언가를 배우고 나면 개념이나 문제 풀이를 적어두는 식으로 그 흔적을 남깁니다. 이러한 학습 결과물은 학원의 입학 테스트, 학교의 중간고사·기말고사 등 중요한 시험을 앞두고 자기가 얼마나 알고 있는지 정리할 때 유용하게 활용됩니다.

그럼 아이들은 이런 학습 결과물을 어디에 저장할까요? 제가 지도해보니 노트, 문제집, 머릿속 중 한 군데에 정리해놓더군요.

노트에 필기하기

일단, 노트는 배운 개념을 자신만의 체계로 완성하겠다는 의지가 담겼다는 점에서 아주 훌륭한 학습 결과물입니다. 충분히 칭찬하고 격려해줄 일이지요.

하지만 필기만 해서는 원하는 효과를 거둘 수 없습니다. 노트에 필기된 내용을 보면 대부분 수업에서 사용했던 문제집의 체계를 따라간 경우가 많습니다. 아무것도 없는 상태에서 가이드가 될 만한 건 그 문제집밖에 없으니까요. 그렇기 때문에 문제집마다 체계가 달라서 생기는 문제점이 노트 정리로는 극복되지 않습니다.

그럴 때 옆에서 전문가가 노트를 보고 필요한 내용들이 다 담겨 있는지, 오류는 없는지를 확인하고 피드백을 해주어야 노트 결과물이 진정한 효과를 발휘합니다. 이런 후작업이 없다면 기대만큼의 성과가 나지 않을 수 있습니다. 그렇지만 노트 정리를 했다는 것 자체는 큰 점수를 받을 만한 일입니다.

문제집에 필기하기

노트가 아닌 문제집에 필기하는 경우는 어떨까요? 대부분의 남학생들의 부모님이 이 방법을 선호하시는데요. 노트 필기는 고사하고 필기를 안 하는 경우가 너무 많기 때문에 차선책으로 교재에라도 필기하라는 마음에서 선택하는 방법 같습니다.

그런데 문제집에 필기를 하면 같은 과정의 학습 결과물이 여러 문제집으로 나뉠 수 있습니다. 통합되어야 할 학습 결과물이 여러 곳에 흩뿌려져 있는 것이죠. 그러면 과정을 끝내고 나서 아이가 얼마나 그 과정을 숙지했는지를 자신도 모르고 선생님과 부모님도 모르는 일이 생깁니다. 이런 상태로 몇 과정들이 진행되면 나중에는 처음부터 다시 공부해야 하는 상황이 벌어질 수 있습니다.

그래도 이 방법은 볼거리라도 남아 있으니 그나마 다행입니다.

머릿속에 저장하기

가장 걱정해야 하는 상황은 머릿속에 학습 결과물을 저장하는 경우입니다. 눈에 보이는 결과물이 없기 때문입니다. 이 말은, 나중에 아이들이 공부를 끝내고 나서 얼마나 익혔는지를 확인할 길이 전혀 없다는 의미입니다. 이렇게 되면 학습 효율이 극도로 낮아집니다. 그러므로 어떤 형태로든 눈에 보이는 학습 결과물을 꼭 남기겠다고 인식하는 것이 중요합니다.

평소에 머릿속에 배운 내용을 담아두면 중요한 순간에 정리를 도울 학습 결과물이 없습니다. 그렇게 되면 아주 슬프게도 중간 난이도의 문제집을 골라 중간 난이도의 문제를 풀게 됩니다. 그동안 배운 것이 무색하게도요. 그렇게 아이들의 머릿속은 뒤죽박죽되고 개념이 잡히지 않기 때문에 문제를 봤을 때 느낌이 오면 맞히고 그렇지 않으면 틀립니다. 그리고 내가 오늘 맞힌 문제를 한 달 뒤에 다시 풀면 맞힌다는 보장이 없습니다.

저는 대치동에 처음 와서 아이들의 학습 상황을 보고 놀란 적이 두 번 있습니다. 생각보다 선행 속도가 너무 빨라서, 그리고 의외로 학습 결과물의 수준이 너무 낮아서였습니다. 그런 아이들을 볼 때마다 언제 무너질지 모르는 모래성 위에 있는 것 같은 느낌을 받습니다. 특히 진도를 많이 나간 아이들을 만나면 근심이 더 쌓입니다. 왜냐하면 개념 체계를 다시 정리해야 하는데, 그 범위가 너무 크기 때문입니다.

이런 일이 반복되다 보니 아이들이 느끼는 '서로 다른 체계로 인한 혼란'과 '학습 결과물이 없다'는 문제를 어떻게 해결하면 좋을까를 고민하게 됐고, 개념을 모아두는 〈에피톰코드〉라는 교재를 자체적으로 만들어서 수업을 하고 있습니다. 이 교재는 시중 교재에서 개념 부분을 모아놓은 것과 비슷하지만, 가장 큰 차이는 앞부분에 개념 요약 노트를 둠으로써 아이들이 백지로 개념 테스트를 할 수 있도록 만들어둔 것입니다. 필기와 학습 노하우를 한 권에 담을 수 있도록요. 꼭 이 교재와 똑같은 형태가 아니더라도 비슷한 기능을 하는 학습 결과물을 가지게 된다면 앞서 말씀드린 두 가지 문제점을 좀 더 수월하게 해결할 수 있을 것입니다.

05

중학교 때 잘하다가 고등학교에 가서 수학을 망치는 이유

중학교 때까지 공부를 아주 잘하다가 고등학교에 가서 성적이 떨어지는 경우를 종종 봅니다. 왜 그런 일이 생기는 걸까요?

결론부터 말씀드리면, 중학교 수학 공부가 탄탄히 이뤄지지 않았기 때문입니다. 이런 아이들은 중학교 때까지 잘 버티다가 고등학교 때 부실한 실력이 드러납니다. 물론 사춘기와 같은 정서적인 이유가 결합되면서 공부를 멀리하는 경우도 있지만, 대부분은 수학 문제를 풀 때 과정을 제대로 거치지 않고 답을 대충 유추하거나 찍어서 점수를 올리는 일이 반복되다 보니 수학 실력에 빈틈이 생긴 것입니다.

문제를 '때우는' 아이들

사실 수학 문제를 제대로 푸는 건 쉬운 일이 아닙니다. 성질의 증명만 보더라도 굳이 이렇게까지 해야 하나 하는 생각이 들 정도로 풀이의 단계가 많고 복잡하지요. 하지만 그렇게까지 하지 않아도 문제를 푸는 데는 큰 지장이 없습니다. 그래서 어려운 과정을 거치느니 쉽게 문제를 푸는 방법을 선택하는 아이들이 많습니다. 한마디로 문제를 '때우는' 것이죠. 그렇게 해도 답은 맞히거든요. 이렇게 한 과정을 때우면 그다음 과정을 배울 때 실력의 빈틈이 드러나기 마련입니다.

그런데 영특한 아이들은 그 빈틈을 가려가며 잘 넘어갑니다. 앞 과정을 제대로 이해하지 않았는데도 그다음 과정의 설명을 꽤 훌륭히 이해하고, 문제를 푸는 감이 좋아서 '이런 문제 유형에는 이런 답이 맞다'라는 느낌에 따라 답을 쓰는데 정답인 경우가 많습니다. 그래서 적당히 문제를 풀고도 성적이 웬만큼 나옵니다. 부모님의 상식으론 말이 안 되는 일이지만, 저는 이런 일들을 정말 많이 보았습니다.

그런데 고등학교에서는 이런 방법이 통하지 않습니다. 풀이를 중학교 때보다 훨씬 더 자세히 써야 하고, 답을 찍는 것 자체가 불가능하거든요. 예를 하나 보시죠.

$$ax + 1 > x + a^2$$

위의 문제는 고등학교 1학년 수학-상 과정의 부등식 문제입니다. 그나마 간단한 문제인데요. 답을 적을 때는 a가 1보다 클 때($a>1$), a가 1일 때($a=1$), a가 1보다 작을 때($a<1$)로 구분해서 적어야 합니다.

> $a>1$일 때 $a-1>0$이므로 $x > a+1$
>
> $a<1$일 때 $a-1<0$이므로 $x < a+1$
>
> $a=1$일 때 $0 \times x > 0$이므로 해가 없다.

이렇게 되면 답을 찍을 수 없습니다. 특히 중등수학 과정을 감과 재치로 때운 아이들은 이 벽을 넘기가 힘듭니다.

빈틈이 시작된 지점으로 되돌아가야 합니다

그럼 중학교 수학의 빈틈은 어떻게 메워야 할까요?

방법은 하나, 중학교 과정으로 되돌아가야 합니다. 그 지점에서 문제가 생겼으니까요.

사실 이런 상황에 맞닥뜨리면 선생님과 아이 모두 난감해집니다. 어디서부터 얼마만큼 빈틈을 메워야 할지 가늠하기가 굉장히 어렵기 때문입니다. 그러나 이 상황을 해결하지 못하면 고등수학 과정에서 무너지는 건 시간문제입니다. 그나마 실력이 부족한 아이는 금세 그 빈틈이 드러나 바로잡을 수 있는 시간이 어느 정도 확보되지만, 잘하는 아이일수록 빈틈을 늦게 발견해 바로잡을 수 있는 시간이 부족해서 이러지도 저러지도 못하는 경우가 많습니다.

실력의 빈틈을 메울 때는 '가장 빠른 선행은 두 번 하지 않는 선행'이라는 생각으로 확실하게 해야 합니다. 그리고 지금 배우는 과정은 자기가 푼 문제를 어떻게 풀었는지를 말로 더듬더듬이나마 설명할 수 있는 수준까지 하면 됩니다. 그게 안 된다면 어쩌면 자녀는 지금 배우는 과정을 '때우는' 중인지도 모릅니다.

×

06

아이들이 공부를
하지 않는 진짜 이유

부모님들은 자녀가 공부를 못하는 이유를 '노력이 부족해서' 혹은 '노력을 안 해서'라고 생각합니다. 저도 한때는 아이들이 좀 더 노력해주기를 바란 적이 있었지만 교육공학을 공부하면서 공부를 못하는 문제의 본질이 노력이 아니라 '학습된 무기력'이라고 판단하고 그후로는 좀 다른 방식으로 접근하고 있습니다.

학습된 무기력은 펜실베이니아대학교 심리학과의 마틴 셀리그만 교수가 주장한 내용입니다. 그는 "사람은 자기 힘으로 상황을 바꿀 수 없다고 느낄 때 무기력해진다"고 주장을 했는데요. 그가 학습된 무기력을 증명한 것은 동물실험을 통해서였습니다. 그의 연구팀은 24마리의 개를 방에 가두고 전기 충격을 반복해서 주었는데 처음엔 개들이 방에서 탈출하려고 날뛰다가 뭘 어떻게 해도 전기 충격에서 벗어날 수 없자 더 이상 아무런 시도도 하지 않았습니다. 무기력해진 것이죠. 사람도 마찬가지입니다. 자기 힘으로 문제를 해결할 수 없는 상황이 반복되면 어떤 상황에서든 아무런 노력을 하지 않습니다.

학습된 무기력은 원하는 것도 회피하게 만듭니다

저도 대학원에서 논문을 쓰던 기간에 비슷한 경험을 했습니다. 그때 약 2개월 동안 제 인생에서 가장 무기력하고 나태하게 지냈습니다.

저는 원래 대학교를 졸업한 뒤에 현대자동차 인재개발원 임원 교육팀에서 잠시 근무를 했습니다. 교육을 하고 싶었지만 제가 다녔던 대학교에는 교육학과가 없어서 차선책으로 교육 부서로 취업을 했던 것입니다. 하지만 직접 교육을 하려면 적어도 15년이 걸린다는 말을 듣고 과감히 퇴사해 서울대학교 교육학과 석사 과정에 입학해서 교육공학을 열심히 공부했습니다. 그러다가 마지막 학기에 위기를 겪은 것입니다.

제가 있던 연구실은 매주 화요일마다 논문 진행 경과를 점검받으면서 논문을 완성해갔습니다. 그런데 그 과정을 거칠수록 교수님과 연구실의 높은 기준이 온몸으로 느껴졌고, 그 기준을 충족시켜야 한다는 압박감이 커졌습니다. 특히 금요일이면 긴장이 시작되어 일요일에 폭발했습니다. 이틀 뒤면 화요일인데, 도저히 그 진도를 맞출 자신이 없었습니다. 그래서 선택한 방법이 도피였습니다. 일요일 오전 10시가 되면 컴퓨터를 켜고 새벽 1시나 2시까지 일주일치 TV 예능 프로그램 영상을 몰아서 봤습니다.

이때의 제 마음은 어땠을까요? 영상을 보면서 편하게 웃었을까요? 절대 그러지 못했습니다. 당장 논문을 작성해야 하는데 도저히 그 시간 안에 끝낼 자신이 없어서 예능 영상으로 도피한 사실을 저 스스로도 잘 알고 있었거든요. 그리고 매번 엄청나게 후회했지만, 저는 여전히 화요일에 혼나면서 좌절을 하고 금요일이 되면 다시 예능 영상을 몰아보는 날들을 반복했습니다. 그런 저를 불쌍히 여긴 박사님의 도움이 없었다면 저는 대학원 과정을 마치지 못했을지 모릅니다.

힘겨운 시간이 지나고 나 자신을 돌아보았습니다. 그러다 궁금해졌습니다. 대학교 때까지 공부를 잘했는데, 가고 싶어서 간 대학원에서 힘없이 무너진 이유가 무엇일까? 생각해보니, 답이 없었기 때문이었습니다. 제 능력으로는 그 상황을 극복할 자신이 없었던 것이죠. 그때 제 마음은 '학습된 무기력' 자체였습니다.

저는 그제야 공부를 피하는 아이들의 심정을 이해할 수 있었습니다. 그들도 부모님의 목표와 기대를 알고 있습니다. 그리고 좋은 고등학교에 가려면 얼마나 노력해야 하는지도 압니다. 그런데 목표는 높고 자신의 학습 속도는 느리고 실력이 뛰어난 친구들이 자기보다 앞에 줄지어 있으니 안 될 거라고 생각하며 외면하는 것입니다. 그래서 공부할 시간이 비교적 많은 주말이면 '이걸 푼다고 해서 갑자기 성적이 오르지 않아'라는 확신을 앞세워 공부하기를 포기하고 TV를 보거나 게임에 빠지는 것입니다. 공부를 안 하는 게 아니라, 어쩌면 답이 없어서 못 하고 있는지 모릅니다.

저는 이러한 아이들의 마음을 이해한 후로는 노력하라고 강조하기보다 학생으로서 할 수 있는 것을 정확히 알려주려고 애쓰고 있습니다. 여러분도 제 실패를 간접경험 삼아 자녀들을 바라보면 좋겠습니다. 그래서 내 아이가 과연 노력을 안 하는 것인지, 아니면 방법을 찾지 못해 무기력해져 있는 건지를 알면 아이를 앞으로 어떻게 이끌어주어야 할지 해법을 찾을 수 있을 것입니다.

칭찬 포스트잇으로 자존감을 되찾았습니다

그러면 학습된 무기력은 어떻게 해결해야 할까요?

일단 학습된 무기력에 빠지면 무언가를 시작하는 것이 쉽지 않습니다. 그와 비슷한 상태여도 그렇습니다. 계속 실패를 경험했기 때문입니다. 그럼 무엇으로 이 상황을 극복할 수 있을까요?

저는 그 실마리를 '자존감'과 '승자효과'라는 이론에서 찾았습니다. 이미 말씀드렸듯 저는 논문을 쓰는 동안 큰 어려움을 겪었습니다. 그 과정에서 자존감이 한없이 낮아졌고, 자존감을 끌어올릴 방안이 필요했습니다.

그래서 선택한 방법이 '작은 칭찬 포스트잇'입니다. 하루에 한 일 중에서 잘했다고 생각한 일 서너 가지를 포스트잇에 써서 창문에 붙이는 것입니다. 외부에서 칭찬받을 일이 없었기 때문에 스스로 무엇이라도 칭찬 거리를 만들자는 마음에서 시작했습니다. 엘리베이터를 타려다 계단으로 올라간 일, 하루에 채소를 한 번 더 먹은 일 등 매우 사소한 것까지 포스트잇에 적었습니다. 가끔은 포스트잇을 창문에 붙이면서 이게 뭐하는 짓인가라는 생각도 했는데, 그때는 자존감을 높여줄 뭔가가 꼭 필요했기 때문에 이 습관을 지속했습니다. 그렇게 약 두 달의 시간이 지난 후에 제 방의 한쪽 벽은 칭찬 포스트잇으로 가득 찼습니다.

그것을 보면서 깨달았습니다. 사소한 노력이라도 차곡차곡 쌓으면 유의미한 성과를 낼 수 있다는 것을요.

물론 칭찬 포스트잇을 벽에 붙였다고 해서 제 앞에 놓인 모든 문제가 해결된 것은 아닙니다. 하지만 모든 게 엉망인 상황에서 뭐라도 제대로 되고 있는 것 같아 큰 위로가 되었습니다. 제가 받았던 이 긍정적인 느낌이 '승자효과'로 설명된다는 것을 나중에 책

필자의 방 한쪽 벽과 창문에 가득한 칭찬 포스트잇

을 읽으며 알게 되었습니다.

작은 승리가 쌓이면 큰 승리를 이룰 수 있습니다

승자효과는 세계적인 뇌 과학자 이안 로버트슨 교수가 주장한 이론으로 '성공하기 위해 가장 필요한 것은 성공 경험'이라는 내용을 담고 있습니다. 작은 승리를 반복해서 경험하면 몸속에 테스토스테론 호르몬의 분비가 늘어나면서 적극적이고 도전적인 성격이 되어 승리할 가능성이 높아진다고 합니다.

저는 칭찬 포스트잇 붙이기 습관을 통해 승자효과의 위력을 경험하고 나서 제 교육 방향을 '아이들이 작은 승리를 경험할 수 있게 하자'로 정했습니다. 사람은 실패 끝에 성장을 한다지만 실패

이후에 성공이 있기 때문에 성장할 수 있는 것입니다. 실패가 실패로 끝나면 성장에 도움이 되지 않습니다.

그래서 실력 향상을 원하는 아이들에게 정규 수업과는 별도로 매일 10~20개의 매운 쉬운 문제를 풀게 합니다. 그리고 시험지에 아이의 이름과 누적숫자를 기재해서 100일간 이 습관을 유지하면 아이 이름이 새겨진 트로피를 줍니다. 굳이 트로피까지 주는 이유는 자기가 성취한 작은 승리를 기억해서 공부 전반으로 확장하기를 바라기 때문입니다. 아이들이 이 습관을 유지한 최장 기록은 300일인데요. 300일 정도 작은 승리를 경험하면 수학 성적은 물론 다른 과목의 성적도 눈에 띄게 오릅니다. 어쩌면 제가 교사로서 아이들에게 줄 수 있는 진짜 선물은 이것인지도 모르겠습니다.

자녀가 공부에 지쳐 있는 것 같다면 오늘 자녀의 생활을 돌이켜보면서 어떻게 하면 작은 승리를 경험하게 해줄지를 고민해보시면 좋겠습니다.

아빠의 지지는 응원입니다

부모님 중에서 지금의 입시 흐름을 더 자세히 알고 있는 분은 어머님입니다. 아이가 학교에 다니기 전부터 어떤 교육을 어디서 어떤 방식으로 시켜야 할지 고민하고 알아보는 과정에서 요즘 교육의 트렌드를 빨리 읽게 되거든요. 하지만 그런 어머님들을 보면서 아버님들은 '왜 아이한테 공부만 시키느냐', '아이 공부에 왜 그렇게 목을 매는지 이해가 안 된다'고 말씀하십니다. 이렇게 생각이 다르니 대부분의 가정에서는 어머님이 악역을 맡고 아버님이 착한 역할을 맡는 것 같습니다.

그런데 어머님들은 왜 아이들의 공부에 집착할까요?

그 이유는, 아직까지 우리 사회에서는 어머님이 직장맘이든 전업주부든 교육에 대한 책임을 오롯이 지는 경우가 많기 때문입니다. 아버님은 사회생활을 한다는 이유로 자녀 교육에 대한 책임을 마음에서 조금 덜어내는 경향이 있습니다. 그러다가 어느 날 갑자기 아이의 성적을 보면서 '이것밖에 못하냐'고 한마디 합니다. 그러니 어머님들은 자녀 교육에서 무조건 성과를 내야 한다는 압박감을 느끼고, 할 수 있는 모든 수단을 투입하게 됩니다.

이렇듯 자녀 교육에 대한 압박감이 서로 다르다 보니 '자녀 교육 걱정에 밤잠을 설치는 어머님은 있어도 자녀 교육 걱정에 밤잠을 설치는 아버님은 없다'는 말까지 생겨나봅니다. 그러니 아버님들이 마음을 열고 어머님한테 "자기 고생했어"라고 한마디 해주면 좋겠습니다. 그리고 성과와는 상관없이 자녀에게 격려의 말을 해주시면 좋겠습니다. 그렇게 못 할 것 같으면 아무 말도 하지 말고 그냥 조용히 아내와 자녀를 지지해주세요.

CHAPTER
02

어떻게 하면
수학 자신감을
심어줄 수 있을까?

: 수학 부담감을 덜어줄 부모의 말과 행동

이번 장에서는 아이의 마음속에 박힌 수학 부담감을 덜어내고 수학 자신감을 심어 주기 위해 부모가 해야 할 말과 행동에 대해 이야기합니다. 부모의 시선, 말투, 태도가 바뀌면 아이의 수학을 대하는 태도도 변화할 것입니다.

잘하게 되면
수학이 재미있어집니다

이런 말 많이 들으셨죠?

'재미가 있으면 공부를 잘하게 된다.'

많은 아이들과 부모님들이 이 말을 믿고 계실 텐데요. 제가 아이들을 가르쳐보니 그 반대인 것 같습니다.

'잘하게 되면 재미있어집니다.'

실제로 공부를 매우 잘했던 사람들에게 언제부터 공부를 잘했냐고 물어보면 '누군가에게 칭찬을 받고 나서'라고 대답하는 경우가 많습니다. 우리 아이들의 수학 공부도 마찬가지입니다. 수학 문제를 푸는데 공식은 이해를 못 하겠고 연산은 자꾸 틀리고 시험을 보면 30점 나오고 그러면 부모님한테도 혼나고 선생님의 시선도 좋지 않겠죠. 그러면 아이는 더 마음이 무거워집니다. 그러다 결국 공부할 맛을 잃게 되죠. 그런 아이한테 "네가 지금 수학을 잘 못하는 것은 수학이 재미있지 않기 때문이야", "수학에 흥미를 가지고 열심히 하다 보면 재미있어질 거야"라고 말을 하면 와 닿을까요? 자기를 위로하려고 거짓말한다고 생각할 겁니다.

"힘든 과정을 거치면 그 결과는 재미있을 거야"

저는 성적 때문에 의기소침한 아이들에게 차라리 솔직하게 이야기해줍니다. "너 지금 수학 공부가 재미없는 거 맞아"라고 말한 뒤에 "앞으로 3개월 동안 개념을 달달 외워야 해. 물론 괴롭고 힘들 거야. 하지만 3개월 뒤에는 성적이 올라서 부모님한테 칭찬받고 집에서 평온하게 지내며 즐겁게 살게 될 거야"라고 말합니다. 이건 거짓말이 아니기 때문에 아이들은 진지하게 받아들입니다. 게다가 공부를 하면서 힘든 것은 당연하다고 생각합니다.

그렇게 해서 실제로 수학 점수가 올라간 아이는 집에서 반찬이 달라지고 용돈이 올라갔다며 좋아했습니다. 열심히 해서 성과가 나왔으니 보상을 받은 것이죠. 그 후로도 그 아이는 좋아진 대우를 계속 받고 싶다며 더 열심히 공부했습니다.

여기서 '재미있다'는 말을 제대로 이해해야 합니다. 수학을 공부하면서 매일 재미있을 수는 없지만 '힘든 과정을 거치면 그 결과가 재미있다'는 것이 핵심입니다. 그러니 자녀가 수학을 왜 싫어할까를 고민할 필요가 없습니다. 수학을 싫어하는 이유는 '잘하지 못하기 때문'이니까요. 물론 잘한다는 기준이 사람마다 다르기 때문에 절대적인 잣대로 평가할 수는 없지만 자기가 생각할 때 '이정도면 괜찮은 것 같아'라는 수준까지 실력이 올라가면 그 과목에 대한 흥미가 자연스럽게 생깁니다.

지금 아이가 수학 공부를 힘들어한다면 수학에 대한 흥미를 끌어올리려고 애쓰지 말고 차라리 목표로 잡은 점수를 받으면 용돈을 올려주겠다든지 게임 시간을 늘려주겠다는 약속을 하고 "이렇게 잘하면 그 뒤의 일들이 좀 재미있어질 거야"라고 설득하는 것이 좀 더 합리적이고 현실적인 방법입니다.

02

진짜 모범을 보여주세요

부모님들은 자녀에게 무언가 가르침을 주려면 모범을 보여야 한다는 생각을 많이 하십니다. 그런데 모범은 무엇일까요? 진정으로 가르침이 전달되어서 아이의 행동을 변화시킬 진짜 모범 말이죠.

제가 내린 결론은 '자기가 못하는 것을 극복하는 모습을 보이는 것이 진짜 모범'이라고 생각합니다. 저만 해도 수학 선생님이 수학을 잘 푸는 건 아이들한테 전혀 모범이 되지 않거든요. 그건 당연한 거니까요. 그런데 수학 선생님인 제가 책을 쓰려고 노력하고 유튜브 영상을 촬영하는 등 안 해본 것들을 해보면서 시행착오 끝에 결국 이뤄내는 모습이 진짜로 아이들과 학부모님들한테 영향을 준다고 생각합니다.

그와 마찬가지로 공부를 잘했던 부모님이 책을 보고 공부를 열심히 하라고 해봤자 아이들에게는 큰 자극이 되지 않습니다. 왜냐하면 '우리 부모님은 원래 공부를 잘했던 사람'이라고 아이들의 머릿속에 박혀 있기 때문입니다.

하지만 그런 부모가 하루에 스쿼트를 100회씩 한다면 아이들의 시선이 달라집니다. 부모님이 스쿼트를 잘 못하는 걸 아는데, 그것을 해내고 이어서 턱걸이까지 하는 등 변화를 보인다면 아이들은 '부모님도 저렇게 어려움을 극복하시는데 나도 수학을 극복할 수 있지 않을까' 하는 희망이 생기거든요. 그러면 부모와 자녀가 편하게 서로를 응원할 수 있습니다.

'원래 잘 못하는 것을 잘하려고 노력하는 것'이 아이들을 변화시키는 진짜 모범임을 꼭 기억하세요.

×

03

한 문제를 푸는 데
한 시간이 걸린다고요?

학부모님과 상담을 하다가 "우리 아이가 문제 한두 개를 푸는 데 시간을 너무 많이 써서 숙제를 다 못 해요"라는 이야기를 들은 적이 있습니다. 학부모님은 걱정되는 마음에 이런 말씀을 하셨지만, 저는 그 자녀가 기대됐습니다.

저는 학습량보다 학습의 퀄리티를 더 중요하게 여깁니다. 애매모호한 능력 열 가지보다 쓸 만한 능력 한두 가지가 더 효과가 좋다고 생각하거든요. 게다가 퀄리티를 올리기까지 많은 노력과 시간이 필요합니다. 이렇게 얻은 뛰어난 능력은 그 사람의 특기가 되어 평판에 영향을 미치는 중요한 요소가 됩니다.

퀄리티와 시간 관리, 무엇이 더 중요할까요?

하지만 이렇게 퀄리티를 추구하다 보면 시간 관리가 제대로 안 되어서 다른 일정을 못 맞추는 등 자잘한 문제들에 맞닥뜨릴 수 있습니다. 앞에서 예로 든 부모님의 자녀처럼 한두 문제를 풀다가 그 날 숙제를 다 못 할 수도 있는 것입니다. 그래서 저는 일정 수준에 도달한 뒤에도 퀄리티를 더 올리려고 노력하는 것은 효율적이지 않다고 생각합니다. 마음에 들 때까지 퀄리티를 올리려면 일주일이 걸릴지 3개월이 걸릴지 아무도 모르기 때문입니다.

제가 경험해보니 시간 관리를 잘하는 아이는 학습의 퀄리티를 올리는 것에 미흡하고, 학습의 퀄리티를 추구하는 아이는 시간 관리가 미흡한 편입니다. 실제로 시간 관리를 잘하는 아이의 부모님들은 "우리 아이는 끈덕지게 문제 푸는 힘이 약해요"라고 걱정을 하고, 한두 문제를 끈덕지게 풀다가 시간 관리를 놓치는 아이의 부모님들은 "우리 아이는 숙제를 제 시간에 다 못 해요"라고 걱정을 하십니다. 퀄리티를 맞추면서 시간까지 관리하면 걱정이 크게 덜어질 텐데 말이죠. 둘 다 잘하는 아이들이 없는 것은 아닙니다. 하지만 그들을 보면 몸이 고생합니다. 왜냐하면 이 두 가지를 모두 갖추기가 쉽지 않기 때문입니다.

학습 퀄리티도 올리고 시간 관리도 하는 방법, 있습니다

그렇다고 해서 언제까지 둘 중 하나만 인정할 순 없습니다. 학년이 올라갈수록 문제 푸는 시간도 스스로 체크할 줄 알아야 하고, 학습의 퀄리티도 점점 높여야 하니까요. 그렇다면 시간 관리와 학습 퀄리티를 모두 잡을 방법은 무엇이 있을까요?

그 방법을 알려드리기 전에, '1만 시간 법칙'에 대해 들어보셨나요? 이 이론은 《1만 시간의 재발견》의 저자인 안데르스 에릭슨 교수가 처음 주장한 것입니다. 그는 전문성을 올리는 가장 효과적인 방법으로 '의식적인 연습(Deliberate Practice)'을 제안했습니다. 의식적인 연습은 어떤 일을 단순히 기계적으로 연습하는 것이 아니라, 자신을 면밀히 관찰하면서 잘못된 부분을 바로잡고 그것을 바탕으로 체계적인 계획을 세워 하는 연습을 말합니다. 이런 의식적인 연습이 일정 수준 쌓이면 그 사람은 전문가로 평가받게 된다는 것이 '1만 시간 법칙'입니다. 즉 무조건 연습을 1만 시간 동안 한다고 전문가가 되는 것이 아니라, 의식적인 연습에 들인 시간이 1만 시간이 되었을 때 전문가가 된다고 주장하고 있습니다.

좀 더 전문적으로 이야기하면, 사람들은 일을 할 때 심적 표상(물체, 문제, 일의 상태, 배열 등에 관한 지식이 마음에 저장되는 방식)이라는 것을 갖는데요. 전문가가 될수록 그 일에 대한 심적 표상이 보다 세밀하고 정교해지기 때문에 그 일을 훨씬 퀄리티 있게 해낼 수 있다고 합니다.

이것을 학습에 대입하면 '이 공부를 언제 시작해서 언제 끝내서 어떤 결과물로 가지고 있으면 나중에 어떻게 활용하겠다'까지 정립된 것을 말합니다. 이런 심적 표상을 가지고 공부를 하면 당연히 성과가 훨씬 더 좋아지겠죠. 이렇게 자신의 행동을 객관적으로 분석하고 교정하는 것을 교육학에서는 '메타인지'라고 합니다.

여기까지가 의식적인 연습에 대한 이론적인 근거인데요. 일상생활을 하다 보면 이것을 실천하기가 쉽지는 않습니다. 왜냐하면 우리 모두 바쁘기 때문이죠.

주간 정리로 학습 퀄리티를 올려주세요

제가 시간 관리를 잘하면서 학습 퀄리티를 올릴 방법을 고민하다가 실천하게 된 방법은 '주간 정리'입니다. 그 주의 일상을 정리하고 다음 주의 계획을 세우는 것인데요.

저는 약 9년 동안 플래너를 사용하면서 쌓은 경험을 토대로 주간 정리를 가장 간단한 양식으로 정리할 수 있었습니다. 그것은 바로 한 주를 '사실', '성찰', '계획'으로 구분해서 기록하는 것입니다. 이때 앞에 누적숫자를 기록해서 '이것이 몇 번째 주간 정리인지'를 꼭 점검하고 있습니다.

필자의 주간 정리 예시

예시를 보시면, '사실'에는 그 주에 있었던 가장 큰 일 두세 가지를 기록하고, '성찰'에는 그 일들을 경험하면서 느꼈던 점이나 개선점, 그리고 앞으로 이렇게 해야겠다는 다짐 같은 것을 적습니다. 그리고 '계획'에는 그런 성찰을 바탕으로 다음 주 계획을 수립합니다. 요약하면, 한 주의 생활을 기록하고 그것을 되돌아보며 이를 토대로 다음 주의 계획을 세우는 것입니다.

이 세 가지 중에서 가장 중요한 단계는 무엇일까요?

짐작하셨겠지만, '성찰'입니다. 성찰은 흘러간 사실에 대한 기억을 붙잡고 기록하면서 자신의 행동에 대한 개선 사항을 적는 것인데요. 그러려면 자신의 생활과 자신을 객관적인 상황에 두고 주변 환경을 이해하면서 종합적인 판단을 내릴 수 있어야 합니다.

이렇게 성찰이 기반이 되는 주간 정리를 일주일에 1회, 30분에서 1시간 정도 하면 시간 관리는 자연스러워지고, '나'라는 사람을 이해하고 주변 환경을 분석하는 능력이 향상되면서 학습 퀄리티까지 좋아집니다. 그렇게 높아진 학습 퀄리티는 전 과목으로 확대될 수 있습니다. 누적숫자를 보니 제 주간 정리는 2020년 10월 12일 기준으로 187주차네요. 1년이 52주니까 약 3년 6개월이 넘는 기간 동안 주간 정리를 해온 것입니다.

주간 정리 연습은 시간이 필요하지만 큰 부담이 있는 일은 아니니 가족끼리 모여서 지난 주를 정리하는 시간을 가지면 어떨까 싶습니다. 양식은 '사실', '성찰', '계획'뿐이라 간단하지만 그 효과는 간단하지 않다는 걸 느끼실 겁니다.

$\times$

성적에 가려진 선행학습의 진짜 부작용

대치동에서는 선행학습이 오래된 공부 트렌드입니다. 중등수학의 선행이 시작되는 시기는 대부분 초등학교 5학년 때로, 6학년 때 중등수학 과정을 시작하면 조금 급하게 진행되어야 하고, 그 이전에 시작하는 건 빠르기 때문입니다. 하지만 대치동에는 이런 트렌드와는 상관없이 초등학교 3학년이 고등수학을 공부하는 등 수학을 극단적으로 잘하는 아이도 있지요.

선행이 수학 공부의 트렌드로 자리 잡았지만, 모든 아이가 선행학습의 긍정적인 효과를 누리는 것은 아닙니다. 부정적인 효과, 즉 부작용도 있습니다.

중1인데 고1 같은 아이들

선행학습의 부작용 하면 흔히들 '수학에 대한 흥미가 떨어진다' 혹은 '공부 의욕이 사라진다' 정도로 생각하는데요. 이런 학습적 부작용보다 더 심각한 부작용이 '인격의 성장'과 관련된 것입니다.

예를 들면 이렇습니다. 제가 여러 과정들을 가르치다 보면 같은 중학교 1학년 아이들인데 중학교 1학년 1학기 과정을 공부하는 반과 고등학교 수학-상 과정을 공부하는 반의 분위기가 전혀 다릅니다. 즉 중학교 1학년 아이들이지만 고등학교 1학년 수학-상을 배우는 반의 분위기는 고등학생들의 수업 분위기와 비슷합니다. 그래서 학부모님들이 "우리 아들은 언제 얌전해질까요?"라고 걱정하시면 "수업을 받다 보면 저절로 그렇게 됩니다"라고 대답하기도 합니다.

그런데 저는 이런 모습들이 양날의 검 같습니다. 왜냐하면 중학생이 고등학생의 감성을 가질 수 있거든요. 그렇게 되면 선생님은 그 아이를 중학생이 아니라 고등학생으로 대해야 할 수도 있습니다.

이런 상황은 아역 배우가 처한 상황을 떠올리면 이해하기 쉽습니다. 배우의 꿈이 확실하다면 어렸을 때 데뷔를 하는 것이 좋을 수 있지만, 그 아이의 인생 전체를 놓고 봤을 때 어린 나이에 연예계의 속성을 알고 사회생활을 일찍 접하면 애어른처럼 행동할 수 있습니다. 실제로 아역 출신 배우들이 성인이 되어서 잘되는 경우도 있지만, 반대로 그 무게를 이기지 못하고 중간에 방황하는 경우들도 꽤 많잖아요.

자녀가 이런 상황에 처하지 않게 하려면 아이의 나이에 맞는 생활과 학업 수준의 차이에서 느껴지는 괴리감을 어떻게든 해결해주어야 합니다.

나이에 맞추거나 학습 수준에 맞추거나

이 문제를 해결하는 방향은 두 가지입니다.

첫 번째는, 학습이 이뤄지는 공간 이외의 곳에서는 아이가 자유롭게 어리광을 부릴 수 있게 해주는 것입니다. 학원에서 어려운 공부를 하고 왔으니 나머지 시간에는 긴장을 풀고 편히 지낼 수 있게 도와주는 겁니다.

그런데 현실적으로 이렇게 하는 게 어려울 수 있어요. 왜냐하면 그 수업 앞뒤로 해야 할 과제들이 꽤 있거든요. 그러니 부모님 입장에서는 그 과제들을 끝내는 게 우선이겠지요. 하지만 아이가 선행 공부를 3시간 동안 하느라 그 2배인 6시간 정도의 에너지를 썼다고 생각하면 나머지 시간은 좀 봐주시는 건 어떨까요? 그 시간만큼은 자기 나이에 맞게, 혹은 좀 더 어리게 놀 수 있도록 환경을 제공하면 정서적 균형을 맞추는 데 큰 도움이 될 것입니다.

이 방법이 어렵겠다 싶으면 아이를 아예 성숙한 인격체로 대해주는 겁니다. 예를 들면, 아이가 세뱃돈을 받으면 보통은 어머니가 '나중에 줄게'라면서 가져가시잖아요? 하지만 공부 수준에 맞춰 아이를 대할 경우엔 아이 스스로 세뱃돈을 관리할 수 있게 해주는 겁니다. 비록 아이의 나이는 어리지만 어려운 공부를 하고 있다면 그 학년의 학생처럼 대우해주는 것이죠.

돌이켜보면 제 어머니는 두 번째 방법으로 저를 대하셨던 것 같습니다. 어머니께서는 홀로 저희들을 키우셨기 때문에 자식들을 일일이 챙겨줄 여유가 없었어요. 그래서 제가 가고 싶은 학원들을 알아보고 선생님을 고른 다음에 "엄마, 저 여기 갈게요. 학원비 내주세요"라고 요청했습니다. 저는 그때 중학생이었지만, 제가 했던 의사결정 자체는 성인과 크게 다르지 않았던 겁니다. 그래도 어머니는 뭐라 하지 않으셨어요. 일일이 챙겨주지 못하셨지만, 불합리하게 강요하거나 거부하는 경우도 없었죠. 그래서 저는 성숙한 아이들에게는 자율권을 주는 것도 괜찮다고 생각해요. '자리가 사람을 만든다'는 말처럼 아이들의 생활에서 가장 큰 비중을 차지하는 공부의 종류와 난이도에 따라 인격이 더 성숙해질 수 있으니까요.

옆에서 보니 실제 나이와 학습 수준 사이의 괴리감을 해결하지 못한 상황에서 자녀가 사춘기에 들어서면 자녀와 부모의 관계가 안 좋아지는 경우들이 꽤 있는 것 같습니다. 그러면 여러모로 어려움이 생기지만, 기본적으로 내 아이의 인격이 지금 배우는 학습 수준을 따라간다고 생각하면 자녀를 대할 때 기준이 생기고 자녀와의 대화가 조금 더 원활해지리라 생각됩니다.

실제 나이에 맞춰 대우를 해줄지, 아니면 학습 수준에 맞춰 대우를 해줄지는 뭐가 더 좋다고 단정할 수 없습니다. 아이마다 맞는 방법이 다를 테니 아이의 성향을 잘 살펴서서 결정하시면 좋을 것 같습니다.

05

최고 반만 가는 아이,
안심하지 마세요

초등학교 때부터 영재 소리를 들으면서 어느 학원을 가도 최고 반만 가는 아이들이 있습니다. 이런 아이들은 부모의 자랑거리가 되고 주변 사람들의 따뜻한 시선도 한껏 받지요. 그런데 최고 반에 가는 과목들이 늘어나면 일주일 내내 학업 스케줄이 빡빡해집니다. 그리고 그 어떤 스케줄도 쉽게 넘어가는 게 없어요. 각 과목별로 제일 높은 반에 있으니까요.

그래도 아이가 잘해내니 부모 입장에서는 대견하고도 뿌듯합니다. 그런데 위기는 한순간에 닥칩니다. 그 어려운 스케줄들을 잘 견디다가 어느 순간 '두둑' 하면서 마음의 끈이 끊기는 순간이 오는 것이죠. 그렇게 위기를 맞은 아이들을 몇 번 지도해봤는데, 마치 성적 좋던 운동선수가 갑자기 큰 부상을 입은 것과 같은 정신적인 부상이 있습니다. 겉으로 드러난 부상이 없으니 아이도 부모님도 알아채지 못합니다. 그러다가 아이가 원래 잘해내던 일정을 소화하지 못하면, 이런 상황을 한 번도 상상해본 적이 없는 아이와 부모 모두 당황합니다.

정신적 부상, 아물 때까지 기다려주세요

그런데 아이가 입은 정신적 부상이 언제 좋아질지는 아무도 예측할 수 없습니다. 이는 운동선수의 재활 훈련에 비유할 수 있는데, 근육을 키울 때는 일정과 계획을 가지고 실행하지만 다친 근육이 원래 상태로 복구되는 기간은 어느 누구도 쉽게 장담하지 못합니다. 아이의 정신적 부상도 마찬가지입니다. 엑스레이는 정상인데 아이의 마음에는 아픈 감정이 꽤 오래 남아 있기 때문이죠.

그러면 굉장히 안타까운 상황이 벌어집니다. 수업을 해보면 아이가 영특하기 때문에 겉으로는 잘 적응합니다. 과제도 잘하고, 단원평가를 봐도 굉장히 높은 점수를 받습니다. 하지만 이미 마음의 끈이 끊겼기 때문에 수업시간에 온전히 집중하지 못합니다. 그래서 빨리 다 풀고 다른 친구에게 장난을 걸거나, 선생님에게 농담을 건네거나, 혼자 낙서를 하거나 떠들곤 합니다. 그러면 선생님 입장에서는 고민이 됩니다. 이 아이의 능력이 좋은 것은 알지만, 수업 분위기나 균형을 고려할 때 이 아이는 그 반에서 불편한 존재가 될 수 있기 때문입니다.

이런 아이들을 만나면서 제가 내린 해법은 '다친 부위가 아물 때까지 무기한 쉬게 하자'입니다. 누군가가 인위적으로 뭔가를 해준다고 아이의 끊긴 마음이 회복되지 않는 걸 봐왔기 때문입니다.

이런 일은 인재(人災)에 가까워 미리 살피면 예방할 수 있습니다. 내 아이가 지금 잘하고 있다고 해서, 또 객관적으로 뛰어나다는 평가를 받더라도 100% 안전한 상태는 아니라는 마음으로 수시로 자녀를 살펴보시면 좋겠습니다.

×

06

공부에 위기가 올 때
부모에게 꼭 필요한 건 평정심

누가 저에게 교육을 할 때 가장 중요한 능력이 무엇이냐고 물어본다면 '평정심'이라고 답변을 드릴 것 같습니다. 감정의 기복을 드러내지 않고 평온함을 유지하는 성향입니다.

과목을 선택하든 전략을 선택하든 아이가 그 변화를 받아들이고 체화해서 성과를 내기까지는 적지 않은 시간이 필요합니다. 그리고 반드시 중간에 문제가 생기는데요. 예를 들어 학원을 바꿀 경우 새로운 학원에 지각을 하거나 필기를 잘 못하게 되거나 심지어 단원평가를 못 볼 수 있습니다. 그러면 부모님과 아이는 불안해집니다. 학원을 잘못 옮긴 건 아닌가 하는 생각이 들죠. 그럴 때 부모님이 불안감을 참지 못하고 표출하면 아이는 그 불안감을 몇 배나 크게 받아들이고, 좋은 성과를 낼 확률은 점점 줄어듭니다.

기대가 현실로 구현되는 데 걸리는 시간은 사람마다 다를 수 있습니다. 제가 이 말씀을 드리는 이유는 어떤 전략을 선택하든 바로 성적이 오르기를 기대하는 부모님들이 너무 많기 때문입니다.

어떤 성장이든 시행착오는 필수입니다

2002년 월드컵의 영웅 히딩크 감독이 생각납니다. 그 당시 히딩크 감독은 한국 축구선수들의 문제점이 체력이라고 판단했습니다. 하지만 당시 한국의 축구 팬들에게 체력 부족이라는 원인 분석은 좀 생소했습니다. 왜냐하면 그때까지 '체력은 좋지만 기술이 부족하다'는 평가를 받아왔거든요. 하지만 히딩크 감독은 체력 강화로 훈련 방향을 결정하고 연습을 진행했습니다. 그런데 월드컵 경기를 앞두고 치른 여러 평가전에서 5 대 0으로 지면서 한동안 히딩크 감독에게는 '오대영'이라는 별명이 따라다녔습니다. 하지만 히딩크 감독은 흔들림 없이 자신의 전략을 고수했고, 결국 월드컵 4강 신화라는 성과를 거둘 수 있었습니다.

저도 비슷한 경험을 하고 있습니다. 토요일마다 '백지개념정리' 수업을 진행하고 있는데, 2018년 4월 즈음 처음 그 수업을 시작했을 때는 학생 모집이 매우 어려웠습니다. 문제 풀이 중심의 수업 방식이 일반적인 상황에서 개념 정리와 테스트까지 마친 후에 문제를 푸는 수업 방식이 낯설었던 게 이유였지요. 사실 많이 불안했습니다. 이게 맞는 방법인가 싶었고, 문제 풀이를 추가해야 하는지에 대해서도 심각히 고민했습니다. 그렇지만 저는 개념 숙지가 먼저라고 생각해서 평정심을 유지하는 척하며 버텼습니다. 그리고 약 1년 6개월 뒤, 저만의 특징적인 수업으로 자리를 잡는 성과를 이뤘습니다.

저의 유튜브 교육 채널인 '대치동캐슬'은 그 터널을 지나가는 중입니다. 학부모님들을 대상으로 한 교육 채널이 사회통념상 생소한 분야이지만 저는 이 방향이 맞다고 생각하기 때문에 자리를 잡을 때까지 평정심을 가지고 견뎌볼 것입니다. 그러면 '백지개념정리' 수업만큼의 경쟁력 있는 교육 채널로 성장하리라 기대합니다.

어떤 성장이든 시행착오는 필연적이며, 실패 없는 성장은 없습니다. 아이들의 공부도 마찬가지입니다. 어른으로서 자신의 불안감을 다스리고 내 아이의 동요를 품어주는 평정심만이 위기를 극복할 수 있습니다.

07

공부 정신력을
지킬 수 있는 한마디

요즘은 대입 입시를 겪기도 전에 고입 입시를 겪습니다. 영재고, 과학고, 자사고 등 '좋은 고등학교'에 들어가기 위해서죠. 그런데 막상 그런 고등학교에 들어가면 입학 초기에 혼란을 겪을 수 있습니다.

저는 카이스트와 서울대학교에 입학한 뒤에 혼란을 겪었습니다. 특히 주변 사람들이 나보다 더 똑똑하고 훌륭하다 보니 '내가 지금 여기서 뭐하는 거지'라는 생각을 많이 했습니다. 그래서 7~8년 정도 방황을 했던 것 같아요. 그러다가 저의 멘탈을 구해준 은인을 만났는데, 바로 지인 중 최고의 독서가 형님입니다.

"성공이나 성취는 쌓아가는 것입니다"

그 형은 책을 매우 좋아하지만 책을 빨리 읽는 유형은 아닙니다. 일주일에 두 권 정도 읽는 것 같습니다. 글을 쓰는 속도도 빠르지 않습니다. 하지만 아주 규칙적으로 생활하는 분이었는데요. 아침 6시에 알람 소리를 듣고 눈을 떠서 2분 동안 잠자리에서 자유를 누리다 6시 2분에 몸을 일으킵니다. 그리고 회사에 일찍 가서 한 시간 동안 책을 읽습니다. 회사일을 마치고 집에 오는 퇴근길에도 책을 읽고, 자기 전에는 글을 다섯 줄 정도 씁니다.

제가 처음에 이 형님의 생활 패턴을 들었을 때는 와우 하는 느낌이 전혀 없었습니다. 그런데 그동안 쓴 글들을 일주일에 하나씩 블로그에 올린 것을 보고 깜짝 놀랐습니다. 블로그에 올라온 글이 343편이나 됐거든요. 1년이 52주니까 대략 6년쯤 글을 쓰신 거죠. 그 글들을 보면서 형님이 쌓아놓은 시간의 벽은 순간적인 재능으로는 넘을 수 없다는 생각을 많이 했습니다. 이 일을 계기로 제 좌우명이 이렇게 바뀌었습니다.

"성공이나 성취는 쟁취하는 것이 아니라 쌓아가는 것이다."

이 말은 공부하는 아이들에게도 똑같이 적용됩니다. 물론 나보다 공부를 잘하는 친구들이 주변에 있고, 그 친구들의 걸음걸이는 나보다 더 빠를 수 있습니다. 그래서 그 친구들을 영영 못 이길 것 같은 기분도 듭니다. 하지만 그렇게 생각하기 시작하면 정신력이 흔들리는 것은 당연합니다. 그럴 때 마음을 바꿔서 "지금 하는 노력이 지금은 티가 안 나지만 차곡차곡 쌓여서 언젠가는 '나'라는 근사한 성을 만든다"라고 생각하면 다른 세상이 열립니다. 왜냐하면 지금 당장 성과가 나지 않아도 내가 하는 노력은 충분히 의미를 가지거든요. 그리고 성공이 외부 변수에 의해 좌우되는 게 아니라 내가 쌓은 성취물에 따라 결정될 수 있다는 생각이 들면서 내 인생의 주도권을 내 손에 쥔 것 같이 느껴질 수 있습니다.

"지금의 노력은 미래의 나를 만드는 밑거름입니다"

저 역시 독서가 형님처럼 매일 쌓는 것이 있습니다. 서울대학교 대학원에 다니면서 만든 습관 모임인데요. 여섯 번쯤 만들었다가 해체되는 일이 반복됐지만 '인생은 쌓는 것이다'라는 명제를 제 가치관으로 삼고 나서는 모임 해체에 대한 두려움이나 속상함을 이겨내고 계속 시도할 수 있었습니다. 그 결과 지금은 모임 사람들과 함께 《습관공부 5분만》이라는 책을 내고, 그 책을 알리기 위해 시작한 유튜브가 결국 오늘의 저를 만들었습니다.

저는 습관 모임을 지금도 운영하면서 하루에 2~3개씩 감상을 적고 있는데요. 지금까지 약 6,500개를 적었습니다. 1년에 1,000개 정도씩 적을 수 있으니까 지금까지 약 6.5년 동안 거의 매일 썼다고 볼 수 있죠. 나의 노력과 내가 느끼는 고통이 무의미하게 흩어지는 것이 아니라 '미래의 나'라는 걸작품을 만드는 데 밑거름이 된다고 생각하면 그 고통을 견디기가 비교적 수월합니다.

이렇게 쌓아온 노력 덕분에 이제는 저보다 더 똑똑한 사람을 만나도 예전만큼 기죽지 않습니다. 제게는 그동안 쏟아부은 6.5년이 있고, 아무리 똑똑한 사람도 6,500개의 감상을 하루아침에 쓸 수는 없잖아요. 그렇게 기존에 쌓아놨던 것들이 저의 주된 경쟁력이 되었고, 남은 에너지로 다른 것들을 쌓는 시도들을 계속 하고 있습니다.

만약 자녀가 공부는 하는데 지금 당장 성과가 안 나온다면 "인생은 쌓는 것이다"라는 주문을 아이와 함께 되뇌이세요. 그러면 부모도 아이도 '지금의 노력들이 쌓여서 언젠가 수학 실력 향상이라는 결과물이 될 것'이라는 믿음이 생겨서 흔들림 없이 노력을 지속할 수 있습니다.

지속하는 힘이 1등이 되는 비결입니다

이 지점에서 제가 아이들에게 꼭 전해주고 싶은 가치관이 있습니다. 저는 예전에는 성공에 대해 '이 사람을 제치고 저 사람을 제쳐서 최고의 자리로 가는 것'이라고 생각했어요. 그런데 그렇게 생각하니까 인생이 매우 힘들더라고요. 하지만 이제는 생각이 바뀌었습니다. 내가 한 가지 활동 분야를 정하고 그 분야에서 5년이고 10년이고 노력의 시간을 쌓고 나서 주변을 돌아봤을 때 그 활동을 하는 사람이 아무도 없다면 그 분야에서 내가 1등이 되는 것이라고요.

입시 공부는 아이에게도 부모에게도 굉장히 힘든 일입니다. 끝이 나지 않고 바로 결과가 나오지 않으니까요. 심지어 지금 잘하고 있는지 판단이 서지 않을 수도 있습니다. 하지만 한 땀 한 땀 노력의 시간을 쌓는다는 기분으로 생활을 하면 그 노력들이 1~2년 뒤에는 구체적인 모습을 갖추고, 어느 시점엔 성과로 나타날 것입니다.

08

부모의 공부 원칙이
아이의 공부를 잡아줍니다

학부모님과 상담을 하다 보면 요즘 공부는 너무 어려워서 지도하기도 개입하기도 쉽지 않다는 하소연을 자주 듣습니다.

그 이유를 곰곰이 찾다 보니 자녀의 공부를 지도하는 게 어려운 근본적인 이유가 공부 원칙의 문제일 수 있다는 생각을 했습니다. 그래서 자녀들의 교육 문제 해결에 도움이 될 공부 원칙 두 가지를 말씀드리려고 합니다.

이 공부 원칙들은 제가 실제로 아이들을 지도할 때 활용하는 것들인데요. 여러 가치관이 충돌하는 상황이 발생했을 때 가이드가 되어줄 수 있어 참으로 유용합니다.

첫 번째 공부 원칙은 '공부는 백지 위에 쓰는 것만 진짜다'입니다. 두 번째 공부 원칙은 '누적숫자로 습관을 축적한다'(124쪽 참조)입니다. 부모님들이 가진 가치관에 비하면 단순해 보일 수도 있고 당연한 논리일 수도 있지만, 저는 이 두 가지가 아이들이 학습하는 데 가장 중요하다고 생각합니다. 첫 번째 원칙은 '백지개념테스트'(138~141쪽 참조)로 실천하고, 두 번째 원칙은 '매일 수학 문제 풀기'(52쪽 참조)라는 습관으로 실천하고 있습니다.

어떻게 보면 상투적이고 단순한 이 두 원칙을 수립하는 데 대략 12년 정도 걸렸습니다. 좋은 말은 많지만 그중에서 내 인생을 걸 만한 명제는 무엇인지를 스스로 생각하고 검증하는 데 많은 시간이 들었던 것 같습니다. 물론 이 두 가지 원칙이 모든 공부 문제를 해결해줄 수는 없지만 하루하루 묵묵히 실천하다 보면 분명 원하는 성과를 얻으리라 확신합니다.

상황에 맞는 공부 원칙은 훌륭한 가이드가 됩니다

제가 감명 깊게 읽은 《무인양품은 90%가 구조다》라는 책에는 무인양품의 마쓰이 타다미쓰 회장의 경영 원칙이 담겨 있습니다. 잘나가던 무인양품이 2001년에 38억 엔의 적자를 내며 창립 18년 만에 처음 위기에 처했는데, 이때 사장으로 취임한 현재의 마쓰이

타다미쓰 회장은 회사를 살릴 방향은 '구조'라는 생각을 했다고 합니다. 그래서 무지그램이라는 매뉴얼을 만들어 모든 매장과 직원에게 지키도록 했습니다. 그 결과 2년 만에 흑자로 돌아섰고, 오늘날 우리가 아는 무인양품이 되었습니다. 이 매뉴얼은 매월 업데이트되면서 지금까지 무인양품을 유지, 발전시키고 있습니다. 문제를 해결하는 데는 다양한 방법이 있지만, 마쓰이 타다미쓰 회장은 '매뉴얼을 통한 구조 확립'이 답이라고 생각한 것이죠. 구조가 맞는 방향이다 아니다를 떠나서 자기의 가치관과 회사가 처한 상황에 맞는 교육 원칙을 세우는 것이 문제 해결의 큰 시발점이 되었다고 생각합니다.

부모 역시 나름의 공부 원칙을 가지고 자녀의 공부를 도우면 어떤 상황이든 해결이 훨씬 쉽습니다. 그리고 그 자녀들은 '내가 어떤 행동을 했을 때 부모님이 환영하는가'를 명확히 알기 때문에 자신의 행동 방침을 수립할 때 가이드로 삼습니다. 반면, 부모가 공부 원칙 없이 무조건 공부하라고만 강요하면 아이는 어떻게 해야 할지 몰라 합니다.

그러니 자녀의 학습에 대한 세부 전략을 짜기 전에 공부 원칙을 세워보세요. 부모로서 자신은 어떤 원칙을 가지고 살고 있고, 자녀가 어떤 방향으로 공부하면 좋을지를 고민해서 정리한다면 자녀의 공부 지도에 도움이 되는 원칙을 세울 수 있으리라 생각합니다.

기록하면 실천이 쉬워집니다

　제가 해보니까 원칙을 생각만 하는 것과 기록해두는 것은 이후의 실천에 큰 영향을 주더라고요. 그래서 아래 상자에 부모님들이 가지고 계신 원칙을 기록해보면 어떨까 싶습니다. 이미 자신의 가치관을 알고 계시면 좋겠지만, 그렇지 않다면 평소 자신이 중요하게 여긴 원칙들을 적어보면서 가치관을 정리하고, 더불어 아이의 공부 원칙도 함께 세워보면 좋겠습니다.

나의 원칙 혹은 가치관

○○의 공부 원칙

유튜브, 공부 포트폴리오가 될 수 있습니다

유튜브에 빠진 자녀 때문에 머리가 아프다는 부모님들의 하소연을 종종 듣습니다. 하지만 저는 교사이자 교육 채널을 운영하는 유튜버로서 유튜브가 공부에 방해된다고만 생각하지 않습니다. 물론 유튜브를 교육이 아닌 게임과 오락의 용도로 사용하는 아이들이 있다는 것을 알고 있습니다. 하지만 공부에 도움이 되는 방향으로 유튜브를 활용할 수 있어서 이야기를 해보려고 합니다.

모두 알고 있듯 유튜브는 현재 남녀노소를 가리지 않고 많은 관심을 받고 활성화되어 있습니다. 누구는 유튜브로 돈을 벌고, 누구는 유튜브로 정보를 얻고, 누구는 유튜브로 자신이 그동안 쌓은 지식을 쏟아냅니다. 저도 유튜브를 시작한 지 꽤 됐는데요. 여러분이 저를 알게 된 것도 대부분 유튜브 때문이라고 생각합니다.

부모님의 입장에서 참으로 난감할 것입니다. 유튜브가 트렌드라고 하니 마냥 막을 수는 없고, 그렇다고 그냥 두자니 해야 할 공부가 눈에 아른거리기 때문입니다. 하지만 1인 미디어의 흐름은 더 활성화될 것이기 때문에 이에 대한 준비가 필요한 것도 사실입니다. 감히 말씀드리면, 미래엔 학력보다 유튜브 구독자가 더 중요해질 수 있습니다. 이런 변화의 흐름에서 제가 공부에 유튜브를 활용해야 한다고 생각하는 이유는 크게 두 가지입니다.

실력이 늘어납니다

공부의 한 수단으로 유튜브를 활용하면 분명히 실력이 늘어납니다. 유튜브 시장이 엔터테인먼트 위주에서 전문성 영역으로 확대되어가듯이, 오래지 않아 아이들이 자신의 공부 활동을 유튜브로 기록하는 시대가 올 것입니다.

실은 저도 2018년까지만 해도 유튜브와 전혀 관련이 없었고, 지인 중에는 유튜브를 본격적으로 하는 사람이 많지 않습니다. 그러다 2019년 1월에 우연히 '대치동캐슬'이라는 이름으로 유튜브 채널을 시작했고, 지금은 1인 미디어의 물결을 온몸으로 느끼고 있습니다.

제가 유튜브 채널을 하면서 얻은 가장 큰 소득은 말의 논리와 전달 방법의 향상입니다. 유튜브 영상을 분석하는 과정에서 평소에는 알지 못했던 좋지 않은 언어 습관과 제스처를 교정하게 되었고, 동영상의 모든 내용을 스크립트로 작성하면서 스스로의 논리를 정리하고 제가 하고 싶은 말이 무엇인지 분명히 이해하고 표현할 수 있게 되었습니다. 그 결과, 예전보다 훨씬 정확하고 명료한 상태로 수업을 진행하고 있습니다. 이러한 실력 향상을 토대로 조금씩 성장해 지금은 많은 분들과 함께 학습 설명회를 하고, 여러 출간 제안을 받으며, 인지도 있는 분들과 교류를 하고 있습니다.

아이들도 저처럼 유튜브를 실력 향상의 도구로 활용할 수 있습니다. 제가 지도했던 어떤 아이는 수학 이론을 스스로 증명하는 과정을 영상으로 찍어서 유튜브에 올린 뒤 그 영상을 분석하면서 자신의 풀이 과정을 완벽히 교정할 수 있었습니다. 그리고 그 영상에 달린 댓글들에 대한 답변을 하면서 원래 자신이 의도했던 것보다 훨씬 더 다양한 분야에 대한 공부를 할 수 있었습니다. 이렇게 수학 유튜브 활동으로 주목받은 그 아이는 〈수학동아〉와 인터뷰를 하기도 했습니다.

유튜브가 포트폴리오 역할을 할 수 있습니다

유튜브는 학습 포트폴리오 시대를 준비하는 가장 확실한 방법입니다. 굳이 내 아이가 인기 유튜버가 되지 않더라도 학습 포트폴리오를 만드는 것은 큰 의미가 있습니다. 자신이 어떤 분야에 관심을 가지고 어떤 활동을 하며 얼마나 노력해왔는지를 유튜브 주소 하나로 모두 증명할 수 있는 시대가 되었기 때문입니다.

예를 들어 영어의 경우, 일주일에 5분씩 영어로 말하는 영상을 찍어서 유튜브에 저장하는 방법으로 기록을 쌓아간다면 영어 실력의 발전 모습을 한눈에 확인할 수 있습니다. 그런 기록들이 쌓이면 마치 다이어트 동영상의 '비포&애프터' 영상처럼 내 아이가 어떤 과정을 거치고 고난을 극복해서 지금에 이르렀는지를 가장 확실하게 증명할 수 있습니다. 그리고 이러한 활동이 축적되면서 시간의 벽을 쌓게 됩니다. 제가 지금까지 올린 영상이 꽤 되는데요. 모든 영상에 일일이 자막을 붙여서 영상을 만드는 것은 그리 쉬운 일이 아닙니다. 이렇게 유튜브를 자신의 노력을 증명하는 포트폴리오로 활용한다면 학업뿐만 아니라 인생 전반에 걸쳐 큰 힘이 될 수 있습니다. 얼굴 나오는 게 부담스럽다면 손이나 화면만 나오게 하는 방법도 있으니 자녀의 학습 활동을 기록하는 용도로 유튜브를 활용하시기를 추천드립니다.

유튜브는 이제 거스를 수 없는 대세가 되었고, 아이의 미래를 위해서도 유튜브를 교육에 적극적으로 활용해야 합니다. 그렇게 여러분의 자녀가 지금부터 학습 포트폴리오를 만들어간다면 미래에는 지금의 저보다 훨씬 더 다양하고 멋진 기회들을 만날 수 있으리라 확신합니다.

공부 습관이 잡혀야 수학 실력도 늘어납니다

: 주변 정리부터 플래너 사용까지

이번 장에서는 실력 향상의 기본인 공부 습관에 대해서 이야기합니다. 조금만 신경 써주면 공부 습관도 잡고 집중력을 발휘해 체계적으로 공부할 힘이 생깁니다.

×

01

습관을 지속하면
자존감도 성적도 오릅니다

아이들 중에는 태도와 습관이 잡히지 않아서 학습 성과가 좋지 않은 경우가 많습니다. 예를 들면, 필기를 안 한다거나 수업하는 동안 제자리에 가만히 앉아 있지 못하는 등 수업에 집중할 수 있는 여건이 갖춰지지 않은 것이죠. 중등수학을 배우는데 단·다항식의 연산이 되지 않아서 그 뒤에 나오는 방정식과 함수는 구경도 못하는 경우도 있습니다. 이렇게 습관과 태도에 문제가 있으면 좋은 수업을 들어도 효과가 나지 않습니다.

꾸준한 실천을 유도하려면 합당한 보상이 필요합니다

저는 이렇게 공부 습관이 잡히지 않은 아이들에게는 정규 수업과는 별도로 혼자 충분히 풀 수 있는 쉬운 문제들을 하루에 10개에서 15개 정도 나누어주고 풀게 합니다. 아이마다 이름을 기재해서요. 이 문제들은 공부 습관을 기르는 것이 목적이라 난이도가 굉장히 낮습니다.

자신의 이름이 적힌 문제집 뭉치를 받아든 아이들은 매일 학습지처럼 문제를 풀다가 어려워서 못 푸는 문제보다 귀찮아서 안 푸는 문제가 훨씬 많다는 사실을 알아챕니다. 자신의 잘못된 학습 태도 및 습관과 맞닥뜨리는 것이죠. 그렇게 해서 자신의 공부 습관을 개선해나가는 아이들에게 저는 특별한 보상을 주어 학습 동기를 끌어올립니다.

제가 주는 보상은 바로 '습관 트로피'입니다. 처음부터 "문제 푸는 습관을 100일 동안 유지하면 트로피를 주겠다"라고 선언합니다. 그러면 공부에 별 관심이 없던 아이들조차 트로피를 가지고 싶어서 문제 푸는 습관을 지속합니다. 제가 지금까지 가르쳤던 아이들 중에서 최고 기록을 달성한 아이는 트로피를 3개나 받았습니다. 300일 동안 꾸준히 문제 푸는 습관을 유지한 것입니다.

이렇게 습관을 100일, 200일 유지하다 보면 수학 실력이 오르는 것은 당연하고, 자존감과 끈기 향상이라는 더 소중한 효과까지 거두게 됩니다.

끈기는 무엇인지 다 아시죠? 어려운 일을 포기하지 않고 지속하는 성향입니다. 그런데 자존감은 무엇을 의미하는지 정확히 아는 사람이 많지 않습니다.

습관은 자존감을 회복하고, 자존감 회복은 성과를 올립니다

《자존감의 여섯 기둥》의 저자이자 심리학자인 너새니얼 브랜든은 '나를 존중하고 사랑하는 마음'을 자존감이라고 규정했습니다. 그러면서 "자존감은 새로운 일을 시작할 때 잘할 수 있다는 '자기효능감'과 자신의 삶이 가치 있다고 믿는 '자기존중감'으로 구성되어 있으며, 자존감의 향상은 내가 이 세상을 살아가는 이유를 스스로 만들어가는 과정"이라고 말했습니다.

이처럼 우리 삶에서 중요한 자존감을 유지하거나 회복하는 데는 습관만 한 것이 없습니다. 어떤 습관이든 지속하면 그 습관의 성과를 느끼기 전에 '내가 시작한 이 습관이 잘되고 있다'는 생각이 들면서 자존감이 자랍니다. 자존감 회복 도구로서 습관의 종류와 양은 크게 중요하지 않습니다. 어떤 습관이든 유지하는 것 자체가 자존감을 높이기 때문입니다.

여기에 작은 승리가 큰 승리로 이어진다는 승자효과가 더해지면 그 습관은 자신의 능력에 맞는 활동으로 발전할 수 있습니다. 물론 그 수준에 도달하기 위한 시간과 과정은 사람마다 다르겠지만, 종국에는 비슷한 결과를 얻습니다.

서울대학교 습관 모임 '5분만'의 참여자들도 비슷한 이야기를 했습니다. 구체적인 내용은 조금씩 다르지만, 작은 습관이 자존감의 회복으로 이어지고 자존감의 회복은 자신의 삶에서 성과를 내는 데 큰 원동력이 된다고 말하고 있습니다.

- "우리는 모두 각자의 삶을 살아가지만, 생각보다 나만의 어떤 것을 느끼고 자부심을 갖기란 쉽지 않은 것 같습니다. 이 모임은 자신만의 습관을 형성함으로써 그런 긍정적인 느낌을 만들어가는 시작점인 동시에 강력한 토대가 되어주는 것 같습니다."
- "하루하루를 흘려보내고 있다는 느낌보다는 꼭꼭 씹어 소화시키고 있다는 느낌이 들어 좋아요:) 아마 이 모임 때문인 것 같아요!"
- "내가 이 사람들과 습관 모임을 한다는 사실만으로도 내가 더 좋은 사람이 될 수 있겠다는 막연한 희망과 뿌듯함을 느낍니다."

이러한 내용들을 근거로 저는 오늘도 아이들과 부모님들에게 자존감 향상 도구로써 습관 실천을 적극적으로 권유하면서 아이들에게 100일 습관 트로피를 주고, 습관 모임 '5분만' 참여자 분들에게 100일 상장을 전달하면서 습관 형성을 돕고 있습니다. 보상이라는 보조 장치 없이 공부하기엔 요즘 공부가 만만치 않기 때문입니다.

습관을 통해 형성된 안정된 정서는 아이들의 미래를 위해 제가 줄 수 있는 가장 큰 선물이며, 제가 교사로서 이 사회에 기여할 수 있는 가장 큰 가치라고 생각합니다.

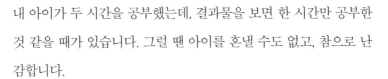

02

의지력을 아껴야
공부를 잘합니다

내 아이가 두 시간을 공부했는데, 결과물을 보면 한 시간만 공부한 것 같을 때가 있습니다. 그럴 땐 아이를 혼낼 수도 없고, 참으로 난감합니다.

그런 아이들을 자세히 관찰해보면 공부 준비에 많은 시간을 쓰는 경향이 있습니다. 스마트폰을 보고, 필기구를 다시 정리하고, 책상 위의 물건들을 만지작거리고, 화장실을 왔다 갔다 합니다. 즉 공부하는 데 써야 할 시간과 에너지를 공부 준비에 많이 씁니다.

이런 행동은 '자아고갈이론'으로 설명될 수 있습니다. 이론의 이름은 좀 어렵지만 의미는 쉽습니다. 쉽게 요약하면, 사람마다 의지력의 총량이 있으니 함부로 쓰지 말고 무조건 아껴 쓰라는 내용입니다. 이 이론은 아이들을 교육하는 데 있어 가장 중요한 원칙이 될 수 있습니다.

의지력이 고갈된다는 자아고갈이론은 무라벤과 바우마이스터가 처음 발표했습니다. 이들은 의지력을 알아보기 위한 실험을 했습니다. 사람들을 두 집단으로 나누고 배고프게 만든 뒤에 두 집단 모두에게 무를 주고 그들이 어떻게 행동하는지를 관찰했습니다. 이때 한쪽 집단에는 무 근처에 향이 나는 초콜릿 칩을 두었습니다. 초콜릿 칩을 보고 향을 맡으면서 무를 먹어야 하는 환경이었던 거죠. 그 결과, 초콜릿 칩을 보면서 무를 먹은 집단이 훨씬 더 빨리 무 먹기를 포기했을 뿐만 아니라, 무 먹기를 포기한 사람들의 수도 무만 먹은 집단보다 2배 이상 많았습니다. 즉 똑같이 무를 먹었지만 초콜릿 칩을 먹고 싶다는 욕구를 참는 데 훨씬 많은 의지력을 쓰느라 무 먹기를 빨리 포기하게 된 것입니다.

그럼 이 실험과 이론을 자녀의 공부에 어떻게 적용할 수 있을까요? 무를 먹는 것은 공부에, 초콜릿 칩은 공부 준비에 비유한다면 공부 준비로 향하는 의지력을 아껴서 공부에 쓰면 됩니다. 공부 이외의 활동에 의지력을 많이 쓰면 정작 공부에 쓸 의지력이 줄어들기 때문입니다.

그럼 어떻게 해야 의지력을 공부에 더 많이 쓰게 할까요?

루틴화로 의지력을 아껴주세요

가장 쉽고 효과적인 방법은 매일 반복되는 행동이나 활동을 루틴화(습관화)하는 것입니다. 아이들의 일상은 대부분 정해져 있습니다. 학교를 갔다가 학원에 갔다가 집에 오는 식으로요. 그렇기 때문에 매일 반복되는 일상이나 행동에 대해서는 규칙을 정해서 루틴화하고 아무 생각 없이 반복하는 게 의지력을 아끼는 가장 좋은 방법입니다.

유명한 사람들 중에 루틴화로 자아고갈이론을 실천한 사람들이 있습니다. 페이스북의 설립자이자 CEO인 마크 주커버그가 대표적인데요. 그는 NBC방송 〈투데이쇼〉와의 인터뷰에서 "똑같은 디자인의 회색 티셔츠를 20벌 가지고 있으며 매일 그것만 입는다"라고 밝혔습니다. 아침마다 옷을 고르는 의지력을 아끼기 위해서라고 했습니다.

일본의 유명 작가 무라카미 하루키는 매일 4시 30분에 일어나서 똑같은 일상을 보내는 것으로 유명합니다. 그는 인터뷰에서 "이렇게 반복되는 일상 자체가 나에게 큰 도움이 된다"고 말했습니다. 이들은 자신이 정말 중요하다고 생각하는 활동, 즉 경영이나 집필 이외의 활동을 모두 루틴화함으로써 중요하지 않은 활동들에 소비되는 의지력을 최소화했다고 볼 수 있습니다.

이쯤에서 많은 부모님이 "그럼 우리 아이는 어떤 걸 루틴화할 수 있을까요?"라고 묻고 싶을 것입니다. 그 해답은 제가 아니라 여러분의 자녀에게 있습니다. 자녀와 충분히 대화를 해서 반복되거나 중요하지 않은 행동이나 활동은 일련의 규칙을 만들어 반복하게 해주시면 됩니다. 의지력을 공부에 최대한 집중해서 쓰게 하려면 루틴화하는 행동이나 활동이 많을수록 좋습니다.

저도 루틴화를 통해 자아고갈이론을 실천하고 있는데요. 휴대폰은 항상 같은 색의 아이폰을 사용하고, 겨울에 입는 카디건은 특정 브랜드의 특정 디자인만 선택합니다. 샤프와 샤프심도 특정 브랜드의 같은 모델을 사용합니다. 항상 들고 다니는 가방 역시 특정 브랜드의 특정 모델로, 지금까지 똑같은 것을 아홉 개째 사용하고 있습니다. 제가 깐깐하고 유별나서 그런 게 아닙니다. 본업인 학생 지도와 습관 유지 외의 활동에 쓰이는 의지력을 최소화하기 위한 나름의 노력입니다.

불필요한 활동을 빼거나 간소화하는 것이 루틴화입니다

이런 사소해 보이는 활동들이 습관이 되면 무슨 일을 처음 시작할 때 '어떻게 하면 무언가를 열심히 더 할까'보다는 '어떻게 하면 이 일에 의지력을 집중할 수 있을까'를 고민하게 됩니다.

제가 학부모님들과 상담을 하면서 안타까웠던 순간은 자녀의 하루 중에서 아무 스케줄이 없는 시간마저 또 다른 공부 거리로 채우려고 하는 경우였어요. 하지만 자녀의 현재 생활에 무언가를 더하려고만 하면 오래지 않아 자녀가 견디지 못하고 공부의 끈을 놓을 수 있습니다. 그래서 루틴화가 중요합니다. 어떤 활동을 추가하기 전에 어떤 활동을 빼야 할지, 중요하지 않은 것들에 소모되는 의지력을 어떻게 줄일지를 함께 고민하는 것이 아이의 공부 의지를 북돋는 데 더 도움이 됩니다.

처음에는 시행착오를 겪을 것입니다. 그러나 공부와 거리가 먼 활동들을 루틴화하다 보면 어느 순간부터는 공부에 의지력을 집중할 수 있는 여력이 생깁니다. 그러니 인내심을 가지고 자녀와 함께 루틴화를 연습하면 좋겠습니다.

×

03

학습환경 재설계로
공부 효율을 높여요

루틴화와 함께 실천하면 좋은 것이 있습니다. 바로 '학습환경 설계의 관점'에서 아이의 공부 효율을 올리는 방법입니다.

학습환경 설계는 말 그대로 공부하는 환경을 설계하는 것입니다. 본질적으로 공부 외의 활동에 쓰이는 의지력을 아끼는 것은 쉽지 않기 때문에 학습환경도 같이 정비하면 루틴화를 좀 더 수월하게 할 수 있습니다. 그러면 자연스럽게 공부 효율도 높아지지요.

예를 들어 수학 문제를 풀 때 문제 풀이에 의지력을 집중하기 위해 꼭 필요한 필기구만 책상 위에 두는 것입니다. 연필, 샤프, 볼펜이 뒤섞여 있을 때와 샤프만 있을 때 필기구를 선택하는 데 소모되는 의지력의 양이 다릅니다. 사람은 환경이 바뀌면 그에 맞춰 행동도 바뀌기 때문에 결과물이 다를 수 있습니다. 업무 처리를 위해 이메일을 써야 하는데 옆에 스마트폰이 있을 때와 일반 피처폰이 있을 때의 효율이 크게 다른 것이 그 예입니다.

의지력을 모을 곳을 선택해 집중합니다

학습환경 설계의 관점을 이해하기가 쉽지 않을 것입니다. 그래서 어떻게 설명할까 고민을 많이 했습니다. 그러다가 제 유튜브 제작 과정이 예시로 적합하다는 생각이 들었습니다. 왜냐하면 무언가를 고민해서 연구하고 그것을 결과물로 만드는 과정이 공부와 비슷하기 때문입니다.

제가 유튜브를 제작하는 과정은 총 3단계입니다. 1단계는 영상 스크립트 작성이고, 2단계는 영상 촬영이며, 3단계는 영상 편집입니다. 이 중에서 의지력을 도저히 줄일 수 없는 단계는 영상 스크립트를 작성하는 1단계입니다. 저는 영상 편집 시간을 줄이기 위해 모든 영상의 내용을 스크립트로 작성합니다. 그렇기에 스크립트를 쓰는 데 드는 의지력은 수학 문제를 푸는 데 드는 의지력처럼 줄일 수 없습니다. 어렵고 힘들더라도 묵묵히 써야 합니다.

그렇게 일주일에 걸쳐서 스크립트를 완성한 다음엔 영상을 촬영합니다. 이 단계부터는 소모되는 의지력을 좀 줄일 수 있습니다. 일단 촬영 장비는 전부 학습센터에 두고, 촬영은 항상 같은 공간에서 하니 이동 거리가 확연히 짧아집니다. 그리고 요일을 정해서 한 번에 두 개 이상의 영상을 촬영합니다. 스크립트를 다 써놓았기 때문에 촬영 시간은 오래 걸리지 않습니다. 그렇게 두 개 혹은 세 개의 영상을 촬영하면 일주일 분량의 영상을 확보할 수 있습니다.

촬영을 마치면 영상을 컷 편집을 해서 하단에 자막을 넣어야 하는데, 이 일은 편집자를 준비하는 제 형수님께서 맡아서 해줍니다. 편집과 자막 작업은 꼭 제가 아니어도 되는 일이니 다른 사람의 도움을 받음으로써 제 의지력을 아끼는 것이죠.

그리고 영상의 표지인 섬네일은 제가 맥북용 파워포인트인 키노트를 활용해서 제작합니다. 저는 섬네일을 두 번 바꿨는데, 처음 두 달 동안은 드라마 〈SKY 캐슬〉의 타이틀 이미지에 글씨만 올려서 썼습니다. 그러다가 어느 순간 표지를 바꿔야겠다는 생각이 들어서 제 사진을 놓고 적절한 글씨체와 제목을 넣는 디자인의 섬네일을 완성했습니다. 디자인 전문가가 만든 것만큼은 아니어도 제가 적절히 활용할 수 있을 정도의 수준이라 만족합니다. 왜냐하면 저는 전문 유튜버가 아니기 때문에 적절한 수준의 영상을 지속적으로 올리는 것이 더 중요하거든요.

이런 방법으로 섬네일을 완성하고, 형수님이 편집해준 영상을 최종적으로 확인한 후 유튜브에 올립니다. 처음에는 고생을 좀 했지만 이렇게 기획, 촬영, 편집으로 단계를 나눠서 기본 프로세스를 갖춰놓으니 의지력의 많은 부분을 오롯이 콘텐츠를 고민하는 데 할애할 수 있게 되었습니다.

여기서 주의할 것은, 환경이 정비되고 루틴이 정해지면 그것을 반복하라는 말이지 그 요소에 대한 고민을 적게 하라는 뜻이 아니라는 사실입니다. 제가 유튜브 섬네일을 만들 때 어떤 사진을 쓰고 어떤 서체를 어떤 크기로 작성해야 사람들의 시선을 끌지는 충분히 고민합니다. 그 시간만 일주일이 꼬박 걸렸습니다.

학습환경 설계의 첫 단계는 아이의 생활 분석입니다

유튜브 촬영의 환경 설계를 공부에 대입하면 이렇습니다.

가장 먼저 자녀가 어떤 필기구를 가장 편해하는지, 샤프심은 어떤 걸 제일 좋아하는지를 알아봅니다. 아마 하루이틀 정도는 큰 문구점을 돌아다닐 수도 있습니다. 저도 그런 작업 끝에 제게 맞는 샤프와 샤프심을 정할 수 있었습니다(샤프는 현재 같은 것을 24개째 사용 중입니다). 그다음은 동선을 고민합니다. 자녀의 하루 동선을 분석해서 가장 효율적인 동선을 찾습니다.

그렇게 학습환경 설계의 관점에서 점심 식단, 문제집의 종류, 요일별 공부 과목, 주말 스케줄, 자기 전 활동과 일어나서의 활동

등 아주 사소한 것까지 학습과 관련된 모든 환경을 하나씩 분석하고 정리한 뒤에 루틴화할 것을 선택해 매일 반복하면 학습에 쓸 의지력의 총량이 늘어나 자연스럽게 학습 효율이 올라갑니다.

이해가 되셨나요? 학습의 효율을 올리는 비결이 학습환경 설계와 개선을 통한 루틴 형성에 있다는 것을요. 시작하는 게 쉽지만은 않을 것입니다. 하지만 한두 개의 루틴을 통해 학습 이외의 활동에 쓰이는 의지력이 줄어드는 것을 확인한다면 그때부터는 루틴의 수를 늘리는 건 어렵지 않을 것입니다.

청소를 하면
진짜로 성적이 오릅니다

학습환경 설계와 관련해서 놓쳐선 안 되는 곳이 있습니다. 공부하는 공간입니다. 제가 이십대일 때 제 생활 공간을 재설계하는 계기가 있었는데요. 다름아닌 《청소력》이라는 책을 읽고 나서 생활 공간은 물론 생활방식이 바뀌고 성적이 오르는 등 여러 측면에서 많은 성과를 보았습니다. 제목에서 느껴지듯 책의 메시지는 매우 단순합니다.

'방을 치우면 성적이 오르고 삶이 변할 수 있다.'

이 말이 상식적으로는 그럴듯해 보이지만, 논리적으로는 납득이 잘 안 되죠? 하지만 저를 포함한 제 친구들은 이 메시지를 실천해 큰 변화를 경험했습니다.

방의 모습이 내 아이의 마음입니다

이 메시지가 저와 제 친구들에게 영향을 크게 미친 이유는 변화의 방향 때문이었습니다. 대부분의 조언들은 '네 마인드를 바꿔. 그러면 성적이 오를 거야' 식입니다. 하지만 이 메시지는 변화의 방향이 그 반대입니다.

'네 안의 모습과 네가 살고 있는 공간이 똑같이 닮아 있다. 너라는 사람은 변하지 않으니 네가 살고 있는 공간을 먼저 정리하라. 그 안에서 네가 생활하기 때문에 너의 멘탈도 변할 수 있다.'

사실 이 메시지를 만났을 때 저는 성적 향상이 절실했습니다. 그래서 처음에는 '성적을 올리는데 웬 청소?' 하며 무시했어요. 그런데 실제로 해보니 이 메시지가 납득이 됐습니다.

'방을 치우면 성적이 오르고 삶이 변할 수 있다.'

이 메시지의 핵심은 청소를 하라는 것이 아닙니다. 불필요한 물건을 버림으로써 공간을 정리하고 마음에 자리를 만들라는 것인데요. 불필요한 물건을 버려야 그 물건이 차지하고 있던 마음속 공간이 사라지면서 중요한 일에 더 집중할 수 있다는 뜻입니다.

예시를 들어볼까요? 흔히 아이들의 책상엔 문제집이 많이 꽂혀 있는데요. 그중 일부 문제집은 시작은 했으나 끝은 나지 않았고, 또 다른 일부는 아직 풀지 않았는데 언젠가 풀겠다는 생각에 둔 것들입니다. 그런데 그런 공간에 앉아 있으면 내가 풀지도 않은 문제집의 영향을 받아서 오히려 실행력이 줄어듭니다.

공간 청소의 중요성을 보여주는 예시로 1980년대 뉴욕 지하철 범죄를 다룬 '깨진 유리창 법칙'이 있습니다. 사람들은 지저분한 곳에서 나쁜 행동을 더 한다는 법칙인데요. 대략의 히스토리는 이렇습니다.

1980년대에 뉴욕 지하철에서 범죄가 많이 발생하자 범죄율을 줄이기 위해 경찰과 시 당국이 함께 노력했습니다. 어떤 방법을 썼을까요? 우리 생각으로는 경찰을 많이 배치하고 범죄자를 좀 더 강력하게 처벌했을 것 같은데, 이 프로젝트에 관여했던 미국의 범죄학자 제임스 윌슨과 러트거스 대학교의 조지 켈링 교수는 '뉴욕 지하철의 높은 범죄율은 범죄를 저질러도 괜찮을 것 같은 더러운 환경 때문'이라고 결론 내고 5년간 대대적으로 지하철 정화 작업을 했습니다. 그런데 정말 5년 뒤에 범죄율이 75% 이상 줄었습니다.

공간을 정리하면 공부에 쓸 의지력이 늘어납니다

저는 이 예시를 보고 매우 놀랐습니다. 그때 저는 성적이 오르기만 갈망하면서 공부를 더 열심히 하고 예습과 복습을 철저히 해야 한다고 생각했거든요. 하지만 생뚱맞게도 책상을 정리하고 방을 정리하면 성적이 오른다는 가능성을 본 것이니까요. 그리고 나서 제 방을 둘러보니 0점에 가깝더라고요. 그래서 마음을 먹고 친구들과 함께 방을 깔끔하게 치웠습니다. 그 과정에서 옷의 반을 버렸는데 정말 제 살점이 깎이는 느낌이 들었어요. 단순히 옷이라는 물건을 버린 것이 아니라 그 물건에 투영된 마음까지 버려야 했으니까요. 이렇게 큰 경험을 한 이후에는 직장에서나 다른 곳에서도 컨디션을 체크하는 기준으로 제 방의 상태를 봅니다. 방의 상태가 지저분하면 내 마음이 해이해졌다고 보는 것이죠.

여러분도 자녀의 성적을 올리거나 어떤 일에서 성과를 내고 싶다면 방을 둘러보고 불필요한 물건은 과감히 버리기를 추천합니다. 저는 처음에 물건을 버리고 나서 걱정을 많이 했는데, 가지고 있던 물건의 반을 버려도 생활하는 데 전혀 지장이 없었습니다. 그렇게 해서 두 배로 늘어난 의지력을 공부에 집중했더니 성적이 올랐습니다.

같은 내용을 다룬 SBS 다큐멘터리도 있습니다. 〈인생역전 청소의 힘〉인데요. 책이든 다큐멘터리든 한번 보시면 좋을 것 같습니다. 참고로, 저는 그 다큐멘터리를 백 번 정도 본 것 같습니다.

05

루틴이 쌓이면
큰 희망이 생깁니다

며칠 전에 한 학부모님과 상담을 했는데요. 그 분의 내공에 놀란 마음이 아직도 생생합니다.

그 분은 아들 둘을 키우시는 어머님으로, 아이들이 과학고나 영재고에 가기를 원하셨습니다. 그런데 큰아들을 보면서 어쩌면 그 소망이 이뤄지지 않을 수도 있겠다는 생각이 들었다고 합니다. 그 아이는 에너지가 넘쳐서 잠시도 가만히 있지 못하거든요.

그래도 아직 시간이 있으니 천방지축인 에너지를 차분한 공부 에너지로 바꿔야겠다고 마음먹은 그 어머님은 방법을 고민하다가 루틴을 꾸준히 반복해서 자녀의 공부 습관을 만들어주기로 했습니다. 그래서 시작한 것이 '하루에 7분씩 영어 쓰기'였습니다.

처음엔 아이와 엄청 싸웠답니다. 당연하겠죠. 아이는 하기 싫어하고, 어머니 입장에서는 매우 중요한 일이니까요. 그래도 어찌어찌해서 아이가 적응을 했고, 그런 뒤에 '영어 말하기 7분'을 추가했습니다. 그것도 적응하고 나니 루틴을 3개로 늘리는 건 쉬웠고, 그때부터는 쭉쭉 루틴의 수를 늘려갔다고 합니다.

제가 만났을 때가 첫 루틴을 시작한 지 1년 정도 됐을 때였는데, 그동안 해온 루틴들을 보니 영어 쓰기 7분, 영어 말하기 7분, 수학 연산 15분, 수학 문제 풀기 12분 등 엄청 많았어요. 수학 문제집은 〈에이급 수학〉을 푸는데 C스텝에서 3문제, B스텝에서 3문제, A스텝에서 3문제 그렇게 하루에 9문제만 풀자고 했답니다. 하루에 9문제는 별것 아니지만 매일 일정한 시간이 꾸준히 쌓이니 약 5개월 만에 중등수학 1학년 과정을 마쳤고, 지금은 2학년 1학기 과정을 풀고 있다고 합니다. 공부 외에도 줄넘기, 악기 2가지를 10분씩 연주하기 등 예체능 분야의 루틴까지 하고 나면 하루에 3시간 정도 걸린답니다.

여기까지 이야기를 듣고 '그 아이는 원래 잘하는 아이니까 그렇겠지'라고 생각할 수 있는데, 그 아이는 그런 아이가 아니에요. 제가 그 아이를 안 지 꽤 됐는데요. 지금 초등학교 6학년인 그 아이는 정말 평범한 남자아이이고, 떠들고 까불고 에너지가 왕성한 초등학생입니다. 그래서 제가 더 놀란 것입니다. 그 루틴들과 전혀 어울리는 아이가 아니었거든요. 하지만 어머님의 노력으로 하루에 3시간 동안 여러 가지 루틴을 매일 반복하며 실력을 쌓아가고 있었습니다.

더 놀라운 점은 이렇게 생활하면서 쌓인 감정을 해소할 수 있도록 주말마다 아이들과 등산을 한다는 것입니다. 아침 시간은 느긋하게 보내고 점심을 먹고 오후 3~4시쯤에 산의 목표 지점까지 올라갔다가 내려온다고 합니다. 등산의 목표 지점은 아이들이 직접 정하고요. 이러한 어머님의 노력에 응답하듯 아이의 욱하는 성향이 굉장히 많이 줄어들었고, 점점 목표 지향적이 되면서 정한 목표를 달성하는 좋은 습관까지 생겼다고 합니다.

그 어머님의 이야기를 다 듣고 저는 진심으로 고개를 숙였습니다. 저는 자녀가 생기면 꼭 루틴을 만들어줘야겠다고 생각하고 있는데 그것을 완벽하게 실천하고 계시니까요.

게다가 그 어머님은 아이들에게 루틴을 만들어줘야겠다는 생각을 한 뒤로 당분간 주변을 돌아보지 않기로 결심했다고 합니다. 주변을 돌아보면 '다른 아이들은 이것도 하고 저것도 하는데 우리 애는 이것만 해서 될까' 하는 걱정이 생기면서 마음이 급해질 수 있거든요. 대치동에 살면서 주변을 신경 쓰지 않는 건 참으로 어려운 일인데, 그렇게 살고 계시는 모습에 단단한 내공이 느껴졌습니다.

저는 그 아이가 지금의 루틴을 스무 살 넘어서까지 유지한다면 어느 분야에서든 하나의 획을 그을 수 있을 것이라고 생각합니다.

아이가 중학교에 들어가고 고등학교에 들어가면 어머님과 아이에게는 또 다른 고민이 생기겠지만, 정해진 루틴을 계속 유지하는 건 무척 중요합니다.

여러분도 자녀와 루틴을 만드는 시간을 가져보는 건 어떨까요? 제가 해보니 루틴을 만들기 제일 좋은 시간대는 하루를 시작하기 전인 아침과, 하루를 끝내기 전인 밤인 것 같아요. 주변의 방해를 가장 적게 받는 시간이거든요. 학습 활동도 좋고, 운동도 좋고, 멘탈 관리도 좋습니다. 한 가지 루틴을 꾸준히 하고 그것이 익숙해질 무렵 또 다른 루틴을 하나씩 늘려간다면 습관이 잡히면서, 단번에 성적을 올릴 수는 없겠지만 최종 결과는 좋을 것입니다.

06

플래너를 활용하면
성장이 눈에 보입니다

새해가 되면 저는 꼭 하는 일이 있습니다. 플래너 준비인데요. 지금까지 약 10년 동안 플래너를 써오면서 플래너의 효과를 확실히 느끼고 있습니다.

플래너의 효과는 두 가지입니다

플래너의 가장 큰 효과는 '해야 할 일을 기억할 필요가 없다'는 것입니다. 왜냐하면 해야 할 일들을 모두 플래너에 기록해두면 그

다음에는 플래너에 써진 대로 공부나 일을 하면 되기 때문입니다. 그래서 같은 일을 하더라도 플래너를 쓸 때와 그렇지 않을 때의 안정감이 다릅니다.

두 번째 효과는 심리적인 효과인데요. 할 일을 실행하고 목록에서 지워나갈 때 '내가 해냈구나' 하는 뿌듯함이 듭니다.

사람들이 플래너를 통해 어떤 효과를 누리는지 궁금해서 대학원에서 질적 연구 프로젝트를 진행한 적이 있습니다. 질적 연구 프로젝트란 실제로 그 일을 하고 있는 전문가 집단을 정기적으로 인터뷰해서 기존의 상식과 다른 결론을 도출하는 과정입니다. 저는 플래너를 3년 이상 써온 사람들에게 "플래너를 쓰니 어떤 점이 제일 좋았습니까?"라는 질문을 했는데 첫 대답이 제 예상을 완전히 빗나갔습니다.

"몇 년 동안 써온 플래너를 보면서 '내가 그동안 놀지만은 않았구나'라는 생각이 들어서 위안이 되었습니다."

저는 큰 충격을 받았습니다. 생산성 도구인 플래너를 쓰면서 얻은 게 위안감이라니…. 그들에게 플래너는 일정을 조율함으로써 생산성을 높이는 도구이기 이전에 '나는 잘하고 있다'는 것을 인정해주는 도구의 역할을 했던 것입니다.

같은 맥락에서 이해하면, 공부 역시 플래너를 활용해 계획하고 완수한 후 지움으로써 '내가 이렇게 성장하고 있구나'라는 기분을 느낄 수 있습니다.

두 가지 원칙만 지켜주세요

저는 플래너가 학습 효율을 높여준다는 것을 확신하기 때문에 아이들에게도 플래너 쓰기를 권장하는데요. 이때 두 가지 원칙을 강조합니다.

첫째, 그다음 날 무엇을 할지를 전날 밤에 4~5개 정도 적게 합니다. 할 일을 우선순위에 따라 A, B, C로 나누고 A부터 순차적으로 하면 더 좋겠지만 제가 해보니 할 일을 그렇게까지 정교하게 나누기가 쉽지 않더라고요. 그래서 전날 밤에 다음날 할 일 4~5개 정도를 플래너에 적으라고 합니다. 그러면 자연스럽게 그다음 날의 흐름이 머릿속에 그려지고, 그다음 날이 되면 오늘 뭘 해야 할지를 고민할 필요 없이 충분히 알차게 하루를 보내게 됩니다. 전날 밤에 계획을 세우는 게 어렵다면 아침에 세워도 괜찮습니다.

저는 매일 할 일은 플래너의 왼쪽 페이지에 일간 정리로 쓰고, 기한이 없는 일들은 포스트잇에 적어서 오른쪽 페이지에 붙여놓습니다. 아주 기본적인 방식이지만, 이런 방식도 1년 동안 하는 것은 쉽지 않습니다. 그래서 전날 밤에 다음날의 계획을 세우는 것이 무척 중요한 것입니다.

둘째, 일주일에 한 번 주간 정리를 하게 합니다. 2장에서도 말씀드렸듯 저는 '사실', '성찰', '계획'으로 나눠서 주간 정리를 하는데요(64~66쪽 참조). 그 내용은 거창하지 않지만, 일주일 동안 잘된 일도 잘 안 된 일도 정리를 하고 나면 마치 방을 청소한 것처럼 일주일간의 묵은 때를 씻어버리고 새로운 마음으로 다음 주를 준비할 수 있습니다. 이것 역시 그 주의 일요일이나 토요일에 해야 그다음 주의 일정을 대략이나마 그릴 수 있습니다. 주간 정리를 할 때는 일주일 동안 어떤 성과를 냈는지를 확인하겠다는 마음보다는 좋으면 좋은 대로 나쁘면 나쁜 대로 그 주를 매듭짓고 가볍게 다음 주를 준비하는 마음으로 접근하면 좋겠습니다.

제가 10년 정도 플래너를 써보니 이 두 가지 원칙만 지켜도 100점 만점에 90점은 되는 것 같습니다. 사실 플래너를 쓰는 것만으로도 100점이라고 할 수 있는 게, 100점짜리 플래너를 쓰려고 마음먹었다가 안 쓰면 0점이 되거든요. 그래서 저는 70~80점 수준만 지키자고 생각합니다. 그래야 지치지 않고 지속할 수 있습니다.

만약 자녀가 플래너 쓰기에 관심을 보인다면 가장 단순한 형태로, 일간 정리와 주간 정리의 원칙을 지키며 시작하기를 추천합니다. 그것이 익숙해진 뒤의 완성도는 사람의 성향에 달려 있는 것 같습니다.

하지만 자녀가 플래너에 관심을 보이지 않더라도 실망하거나 다그치지는 말아주세요.

07

포기하지 않고
성공하는 가장 쉬운 방법

공부나 일을 시작할 때부터 '하다 안 되면 포기하겠다'고 마음먹는 사람은 없습니다. 하지만 세상일이 뜻대로 안 된다는 걸 알기 때문에 우리는 '포기'라는 단어를 두려워하면서도 경계하며 사는 것 같습니다.

사실 무언가를 하겠다고 결정하고 나서 포기만 하지 않으면 그일은 당연히 어떻게든 이뤄집니다. 그래서 어떤 일이든 포기하지 않는 방법을 아는 것은 매우 중요합니다.

말은 이렇게 거창하지만 결론이 매우 단순해서 좀 허무하실 수 있지만, 저는 이 방법을 터득하는 데 오랜 시간이 걸렸습니다.

의지를 다지기보다 주변 환경을 정비합니다

제가 터득한 '포기하지 않는 방법'은 의지에 기대지 않는 것입니다. 무슨 말이냐고요? 저는 강한 의지만 있으면 일이든 공부든 지속할 수 있다는 말에 의구심을 가지고 있어서 루틴을 굉장히 강조하는 편입니다. 즉 반복되는 일이나 행동을 루틴화해서 남는 에너지를 중요한 일 한두 가지에 집중하는 것이 중요한 일을 지속하는 데 더 효과적이라고 생각합니다. 그래서 무언가 일을 할 때 의지를 다지기보다는 그 일을 언제 어디서나 지속할 수 있도록 나를 둘러싼 환경을 정비합니다. 예시를 들어 설명하겠습니다.

얼마 전 몸이 너무 안 좋아서 근력 운동을 하기로 결심했습니다. 제가 선택한 근력 운동은 턱걸이와 푸시업입니다. 가장 기본적인 근력 운동이죠. 이 운동들을 지속하는 가장 좋은 방법은 매일 체육관에 가는 것이지만, 제가 아침부터 저녁까지 수업이 있어서 시간을 쪼개 체육관에 가는 건 마음이 편치 않더라고요. 그래서 선택한 방법이 제가 일하는 학습센터에 푸시업 바와 턱걸이 바를 놓고 쉬는 시간이나 아침 출근 시간 혹은 퇴근 전에 운동을 하는 것입니다. 실제로 학습센터에서 하루에 30회에서 50회씩 턱걸이와 푸시업을 하고 있습니다. 이뿐만이 아닙니다. 집에도 푸시업 바와 턱걸이 바를 똑같이 설치해놓고 학습센터에서 운동을 못 한 날에는 집에서 합니다.

운동기구를 두 군데나 설치하는 걸 낭비라고 생각할 수도 있지만, 근력 운동이 목표인 데다 제가 주로 활동하는 장소에서 언제든 운동을 손쉽게 하고 싶었기 때문에 이 방법을 선택한 것입니다. 이것이 포기하지 않고 안정적으로 근력 운동을 지속하는 비결의 핵심이라고 생각합니다.

같은 관점으로, 저는 플래너 역시 한 번에 3권 정도 삽니다. 플래너를 쓰다가 잃어버리는 경우를 대비해서요. 보통은 플래너를 잃어버리면 첫 일주일 동안은 멘붕 상태로 지내고, '어떻게 하지?' 하고 그다음 일주일을 고민하고, '그것을 사야 하는데' 하면서 일주일을 더 날려버리는 경우가 많습니다. 그렇게 2~3주 동안 플래너를 안 쓰면 다시 플래너를 쓰는 것이 힘들어지고, 그러면 한 해가 날아가는 셈입니다. 이런 일을 겪지 않으려고 저는 아예 플래너를 3권 정도 사서 예비해둡니다. 플래너 활용은 제게 그만큼 가치 있는 일이거든요.

이렇게 언제 어디서든 목표로 한 일을 할 수 있도록 환경을 마련한다고 결심하면 모든 일의 해결 방향이 보입니다. 제가 학습센터에 유튜브 스튜디오를 만들어둔 것도, 교실에 영상을 촬영하기 위한 캠코더를 자리잡아둔 것도 중요한 순간에 버튼만 누르면 영상을 찍기 위함입니다.

사실 이런 노력이 쉽거나 편하지는 않습니다. 하지만 하나만 준비했는데 그것이 잘못되면 다시 준비하는 데 더 많은 에너지가 소비되고, 그러다 보면 포기하고 싶은 마음이 들 수도 있어서 마음먹었을 때 조금 더 넉넉하게 준비해서 꾸준히 해야겠다고 결심한 것입니다. 실제로 효과도 있고요.

이런 제가 좀 유별나다고 생각한 적도 있습니다. 그런데 스티브 잡스에 대한 책을 읽으면서 저는 새발의 피임을 깨달았습니다. 스티브 잡스는 완벽한 프레젠테이션으로 유명한데, 발표장에서 갑자기 전기가 나갈 것을 염려해 발표장 옆에 발전기를 두었다고 합니다. 그것도 3대나요. 발표장의 전기가 나가서 발전기 3대를 모두 쓸 확률은 아주 적지만 만의 하나라도 그런 일이 벌어질 상황을 대비한 것입니다.

플래너 3권을 발전기 3대와 비교하는 게 무리라는 건 알지만, 어떤 일을 계획할 때 그 일이 잘 안 되는 상황까지 고려해서 넉넉하게 예산을 배정하고 환경을 정비하는 것이 공부든 일이든 포기하지 않고 지속하는 가장 큰 원칙이라고 생각합니다. 그런 관점에서 자녀에게 책을 읽히고 싶으면 화장실, 안방, 작은방, 거실 등 집 안 곳곳에 책을 두면 되고요. 영어 듣기가 절실하다면 화장실에 mp3를 두고 듣게 하는 것도 가치 있는 일을 지속하는 가장 확실한 방법입니다.

08

습관을 실천할 때 지켜야 할 3가지 원칙

코로나19의 여파로 집에 있는 시간이 늘어나고 있습니다. 아이들 입장에서는 등교의 부담이 없으니 편하겠지만, 부모님 입장에서는 자녀가 공부에 대한 긴장감을 늦출까봐 걱정이 되실 것 같습니다.

제 경험상 지금의 상황을 극복할 수 있는 것은 습관밖에 없습니다. '5분만'이라는 습관 모임을 운영하면서 깨달은 것 중에 하나가 상황이 좋을 때보다 상황이 안 좋을 때 습관이 더 큰 효과를 발휘한다는 것입니다. 게다가 자녀와 함께 시간을 내서 습관을 실천하면 시간이 느슨해져서 오는 불안감을 조금은 줄일 수 있습니다.

아이들이 습관을 실천할 때 도움이 될 원칙을 소개합니다.

습관은 무조건 작고 사소한 것이어야 합니다

자녀에게 뭔가 가치 있는 것을 주고 싶은 마음은 이해합니다. 하지만 어른도 지키기 힘든 습관을 심어주려 하면 시작부터 삐걱거릴 수 있습니다. 그러니 30분에서 1시간 정도면 충분히 할 수 있는 공부 습관을 정해서 아침이든 저녁이든 편한 시간에 하게 합니다.

저는 아침에 20분 명상과 10분 자전거타기를 꼭 합니다. 아침에 잠깐이라도 몸을 움직이는 것이 그날의 컨디션을 결정하는 데 꽤 큰 영향을 주더라고요. 그리고 자기 전에는 하루에 한 쪽이라도 책을 읽고 한 줄이라도 일기를 씁니다. 이런 습관은 하루 30분 이내에 할 수 있을 정도로 작고 사소한 습관입니다.

'다른 건 다 몰라도 이것 하나만 하자'는 마음으로 습관을 정하고 실천하도록 자녀를 이끄시면 좋겠습니다.

습관을 실천한 누적횟수를 기록합니다

누적횟수를 꼭 씁니다. 누적횟수를 기록하는 방법이 있습니다. 예를 들어 오늘 처음 팔굽혀펴기를 열 번 했다면 10/10 이렇게 쓰고, 그다음 날 열 번 더 하면 10/20이라고 씁니다. 뒤에 쓰는 숫자가 누적횟수이고, 앞에 쓰는 숫자가 오늘 실천한 횟수입니다. 누적횟수가 커지면 커질수록 '내가 열심히 하고 있는' 증거 같아서 참 뿌듯합니다.

타이머를 사용합니다

저는 습관을 실천할 때 꼭 타이머를 씁니다. 타이머는 설정한 시간만큼 습관을 유지할 수 있게 해주기 때문입니다. 특히 아침에 명상을 할 때 꼭 타이머를 쓰는데, 중간에 멍 때리다가도 줄어드는 시간을 보면 '어서 집중해야지' 하는 생각이 듭니다. 단, 타이머를 너무 자주 쓰면 스트레스를 받을 수 있으니 하루에 한 가지 습관에만 쓰면 좋을 것 같습니다.

이 3가지 원칙만 지켜도 아이가 긴장감을 유지하며 습관을 실천하는 데 큰 도움이 됩니다.

위기의 시기이지만, 평정심을 유지하면서 가장 기초적인 것부터 쌓아가세요. 지금 상황에서 습관은 생산성 향상을 위한 도구가 아니라 아이의 긴장감을 유지하는 지표입니다.

공부도 습관도 휴가가 필요합니다

제가 운영하고 있는 습관 모임 '5분만'에는 '100일 습관 휴가'라는 휴가 제도가 있습니다. 100일 동안 습관을 유지하면 원할 때 15일 정도 휴가를 신청하는 것입니다. 말하자면 습관 실천을 잠시 쉬는 것이죠. 제가 습관 휴가를 생각하게 된 것은 습관을 지속하다 보니 피로가 조금씩 쌓여갔기 때문입니다.

저는 약 7년 동안 운동을 포함한 자유 습관, 독서 습관, 그리고 식단을 관리하는 다이어트 식단 습관을 누적숫자를 붙여가며 유지하다가 지난달에 처음 휴가를 내고 쉬었습니다. 100일 습관 휴가를 보내며 느낀 점은 3가지입니다.

첫째, 습관을 쉰다는 압박감이 없고, 그저 좋았습니다. 사실 저는 오래 유지해온 습관을 쉬면 금단현상이 있을 줄 알았거든요. 그런데 처음 일주일 넘게는 전혀 불편하지 않고 마냥 좋았습니다. 비유를 하자면, 고3 때 아침 7시 30분까지 등교해서 수업을 듣다가 대학생이 되어서 아침 10시까지 늦잠을 자니 기분이 날아갈 것 같았던 것과 비슷합니다. 사실 이 기간에도 운동과 독서 등의 습관을 평소처럼 했기 때문에 그 차이를 더 못 느낀 것 같습니다.

둘째, 기존에 하던 습관은 간소화해서 유지했지만 따로 기록하지 않아서인지 조금씩 습관 실천에 무뎌졌습니다. 습관의 가장 큰 효과는 내가 무언가를 하면서 성장하고 있다고 느끼는 것인데, 누적숫자를 기록하지 않으니 성장하고 있다는 느낌이 없었습니다. 습관은 실천하고 나면 흔적 없이 사라져 기록 같은 방식으로 인지하지 않으면 했는지 안 했는지 확인할 길이 없습니다.

상황이 이렇게 되자 습관을 조금씩 빼먹기 시작했습니다. 10개 하던 걸 9개 하고, 9개 하던 걸 8개 하는 식으로요. 하지만 더 중요한 것은, 놀랍게도 제가 그 습관들을 빼먹고 있다는 사실을 전혀 인지하지 못한 것입니다. 결국 습관 휴가 막바지에는 꽤 많이 해이해졌습니다. '사람은 뛰면 걷고 싶고, 걸으면 앉고 싶고, 앉으면 눕고 싶은 것이구나'라는 생각이 들었습니다.

셋째, 습관이 체득된 사람은 이제 습관을 보험의 관점에서 생각해야 한다고 결론 지었습니다. 처음에 습관을 유지하면 무언가 되고 있다는 생각이 들면서 자존감이 향상되고, 실제 성과 향상으로 이어집니다. 그런데 처음 습관을 시작할 때의 강렬한 느낌은 점점 줄어들어 1~2년 정도 지나면 '굳이 이 습관을 계속 해야 하나?'라는 의구심이 듭니다. 저는 7년 만에 처음 이런 매너리즘에 빠졌지만, 누구나 하는 생각입니다. 그러니 이런 감정상의 변화를 당연하게 받아들이고, 습관을 '내 생활을 유지해주는 보험'으로 여기며 지금의 수준을 유지하는 것이 더 현명합니다.

넷째, 그럼에도 불구하고 확실히 성장은 이뤄집니다. 제가 처음 유튜브를 시작한 것이 2018년 8월이었습니다. 그때의 영상과 지금의 영상을 비교하면 조명, 카메라, 편집 스타일, 목소리 톤, 제스처, 내용의 정교함 등 모든 면에서 나아졌습니다. 다만 제가 이 변화를 크게 느끼지 못할 뿐입니다. 이렇듯 우리가 인지하건 인지하지 못하건 성장은 이뤄지고 있으니 그저 습관을 지속하는 것으로도 삶의 원동력이 된다고 생각합니다.

저도 습관 모임을 운영하면서 습관과 모임의 소중함에 대해 조금씩 무뎌져갔던 듯합니다. 그래서 큰 맘 먹고 습관 휴가를 지냈더니 습관 모임이 제 삶에 매우 중요한 요소라는 사실을 다시 깨닫게 되었습니다. 습관을 유지하는 방식에 문제가 있다면 시간을 두고 하나씩 개선해보려고 합니다.

아이들의 공부도 마찬가지입니다. 혹시 자녀가 중간에 지치거나 공부의 중요성을 잊는다면 하루 정도는 잠시 학습을 내려놓고 휴식하는 것도 좋은 방법입니다. 그럴 땐 부모님도 함께 여유를 느끼시길 바랍니다.

CHAPTER 04

개념을 완벽히 외워야
어떤 문제도
풀 수 있습니다

: 백지개념테스트와 $\frac{1}{9}$ 개념노트

이번 장에서는 수학 성적을 올릴 수 있는 확실한 방법을 이야기합니다. 여러 방법 중에서도 제가 가장 중요하다고 생각하는 '수학 개념 잡는 방법'입니다.

×

01

갑자기 수학 성적이 오른 특별한 비결

제 유튜브 영상들 중에서 가장 인기 있는 영상은 '중학교 때 잘하다가 고등학교 가서 수학이 망하는 진짜 이유'입니다. 아마도 같은 어려움을 경험하신 분들이 많은 데다 내 아이만큼은 그런 일을 겪지 않길 바라는 마음에서 그 영상을 참고하시는 것 같습니다. 그런데 그 반대인 경우도 있습니다. 중학교 때 공부를 못하다가 고등학교 때 성적이 급상승하는 경우 말입니다.

중학교 때 공부를 잘하다가 고등학교 때 못하는 이유는 중학교 때 드러나지 않았던 실력의 빈틈을 고등학교 때는 숨길 수 없기 때문이지만, 중학교 때 공부를 못하다가 고등학교 때 실력이 급상승하는 이유는 힘들게 하나씩 쌓아올린 실력이 어느 순간 폭발했기 때문입니다.

지금 머릿속에 두 아이가 떠오르네요. 모두 수학에 자신 없어하다가 갑자기 성적이 오른 경우입니다.

꾸준히 개념을 익힌 노력은 언제든 성과가 나타납니다

첫 번째 아이는 제 정규반에서 두 번 그만두었던 아이입니다. 이 아이를 알기 전에 저는 이 아이의 형을 3년간 지도해 그 부모님과 이미 유대관계가 있었습니다. 그런데 동생을 만나 지도해보니 형과 달리 공부에 큰 관심이나 의지가 없었고, 유달리 백지개념테스트를 힘들어했습니다. 그래서 중등수학 1학년 1학기 과정을 공부하다가 그만두었습니다. 그 후에는 다른 학원에서 진도를 비슷하게 진행하다가 다시 제 정규반의 중등수학 2학년 1학기 과정에 합류했습니다. 하지만 2학년 2학기 과정까지 하고도 여전히 백지개념테스트를 힘들어해 그 과정은 이수하지 못하고 집에서 따로 보충하는 등 안간힘을 쓰며 6개월을 버티다가 결국 3학년 1학기 과정에서 그만두었습니다. 그렇다고 해서 공부를 놓을 순 없으니 집에서 따로 수업을 받다가 제 다른 정규반 2학년 2학기 과정에 다시 합류했습니다.

이렇게 수업을 두 번 그만두었다가 다시 합류했다는 건 수학을 매우 힘들어한다는 의미입니다. 그래서 저와 그 어머니는 만날 때마다 "이제 어떻게 하죠?"라는 말을 100회 이상 했던 것 같습니다. 그리고 3학년 1학기 심화 과정에 들어가면서 "최선을 다해 이 과정을 해보고 안 되면 깔끔하게 포기하자"고 합의했습니다.

그런데 3학년 1학기 심화 과정의 '이차방정식' 단원에서 갑자기 실력이 급상승하더니 개념에 대한 이해도가 눈에 띄게 높아지고 단원평가 점수도 급격히 올랐습니다. 어머니와 저는 마치 기적을 본 것처럼 어리둥절했습니다. 1년 가까이 고생만 했거든요. 가장 신기했던 건 2학년 2학기, 그러니까 얼마 전까지 힘들어했던 과정을 복습하는데 문제를 다시 풀려보니 전혀 다른 사람처럼 잘 푼 것입니다.

그렇게 이 아이는 어느 순간 수학을 잘하는 학생이 되었고, 3학년 2학기 과정과 고등학교 수학-상, 수학-하 과정을 아주 훌륭히 이수했습니다. 지금은 제 손을 떠나 제가 있던 학원의 TOP 반에서 아주 훌륭히 공부하고 있습니다.

두 번째 아이는 제가 있던 학원의 중학교 3학년 1학기 과정과 3학년 2학기 과정 입학 테스트에서 0점을 받은 아이입니다. 입학 테스트 후 만나서 수학에 관해 물어보니 아는 것이 거의 없었고 수학에 자신도 없었습니다. 그래서 고민 끝에 아예 중등수학 1학년 1학기 과정부터 시작하고, 2명이 함께 듣는 수업으로 진행했습니다.

다행히도 같이 수업을 들은 아이가 의욕이 있고 공부를 잘하는 한 살 후배였습니다. 그래서 '아무리 못해도 후배에게 질 수 없다'는 자존심과 절박함이 발동됐고, 그것을 원동력으로 수업을 꾸역꾸역 해나갔습니다. 모든 수업은 백지개념테스트를 하면서 진행했고, 그 과정에서 위기가 몇 번 있었지만 결국 3학년 1학기 과정까지 진행했습니다.

그러다가 3학년 1학기 과정의 '인수분해'에서 머리가 트였습니다. 전혀 다른 사람처럼 개념 이해도 문제 풀이도 술술 잘했고, 그 뒤 3학년 2학기 과정과 고등학교 수학-상, 수학-하 과정 역시 아주 무난하게 이수했습니다. 이 아이도 지금은 제 손을 떠나 다른 학원의 아주 좋은 반에서 공부를 잘하고 있습니다.

옆에서 묵묵히 응원해주세요

이 아이들처럼 수업을 하면서 실력이 급성장하는 아이들은 대부분 천천히 성장하다가 어느 순간 수학 개념이 잡히면서 문제 풀이가 잘되고 수학이 재미있어지는 경험을 했습니다.

이것은 우연히 이뤄진 일이 아닙니다. 최저 점수를 받은 그 지점부터 개념 정리와 문제 풀이를 묵묵히 쌓아온 결과입니다. 그 과징은 쉽지 않고 시간도 꽤 오래 걸리지만, 아이와 선생님 그리고 부모님 사이에 신뢰가 쌓이면서 묵묵히 그 어려운 시기를 견딘 대가입니다. 그렇게 튼튼하게 기초를 쌓은 탑은 쉽게 무너지지 않습니다.

이렇게 실력이 향상되기까지 대략 1년쯤 걸립니다. 개념 외우기는 어렵고 실력 향상은 더디기만 할 때 그 시간을 견디는 것은 쉽지 않은 일이지만, 묵묵히 실력을 쌓다 보면 급성장의 기쁨을 누릴 수 있습니다.

02

수학 개념을
반드시 외워야 하는 이유

저는 개념을 이해하고 외우는 것을 아주 중요하게 여깁니다. 그런데 수학에서 개념이 얼마나 중요한지, 그 역할이 무엇인지를 놓치고 있는 아이들이 많은 것 같습니다.

수학 개념을 외우라고 하면 대부분의 아이들은 처음에 이렇게 이야기합니다.

"개념은 이해하는 거 아닌가요? 그래서 외우지 않는데요."

그런데 이 말은 반은 맞고 반은 틀립니다.

'반은 맞다'는 건, 개념의 성질을 이해하지 않고 외우면 영어처럼 모든 경우의 수를 다 외워야 하는 데다 외운 개념들을 적재적

소에 활용하지 못하기 때문입니다. 예를 들어 중등수학 2학년 2학기 과정에서 배우는 용어인 '외심'은 '삼각형에 외접하는 위의 중심'이고, '외접'은 '삼각형의 세 꼭지점을 지난다'는 말입니다. 이 의미를 이해하지 않은 채 외심을 '외접하는 원의 중심'으로만 외우면 관련 문제가 나와도 관련 문제라는 걸 모르는 것은 물론 어렵게 외운 개념을 활용하지 못합니다. 그래서 수학 개념은 반드시 이해해야 합니다.

'반은 틀리다'는 건, 개념을 이해하면 그다음에는 반드시 외워야 하기 때문입니다. 구구단을 예로 들면, 우리는 7×3이 7+7+7인 것을 알지만 구구단을 외웁니다. 덧셈을 할 줄 안다고 해서 구구단을 외우지 않으면 남들이 구구단을 외워서 금방 푸는 문제를 일일이 덧셈을 해가며 풀어야 하니 시간은 오래 걸리고 정확도 역시 보장이 안 됩니다. 문제를 푸는 정확도와 시간 역시 엄연한 실력인데 말이죠.

이해하고 외워야 제대로 활용할 수 있습니다

저는 흔히 개념 외우기를 야구 게임에 비유합니다. 야구 게임을 하려면 야구 규칙을 반드시 숙지해야 합니다. 야구 규칙을 외운 것과 야구 실력은 별개의 문제이지만, 야구 규칙을 모르면 게임에 참

여조차 할 수 없습니다. 그런 관점에서, 내가 배운 수학 개념을 깔끔히 외우는 것은 수학이라는 게임에 참여하기 위한 기본 요건이며, 수학 실력을 성장시킬 수 있는 기본 재료라고 할 수 있습니다.

저는 백지개념테스트로 아이들의 개념 숙지 정도를 파악합니다. 그런 뒤에 아이들에게 이런 질문을 해서 수학 개념의 중요성과 역할에 대해 환기시킵니다.

"이해를 완벽히 했는데, 왜 그것을 백지에는 제대로 못 쓸까?"

우리가 배우는 개념과 지식들은 습득되어 머릿속에 들어가면 서로 조합되고 통합됩니다. 그 결과 새로운 것들이 창조되고 실력이 향상됩니다. 수학 문제를 풀 때도 이해하고 외운 개념과 지식이 조합되고 통합되면서 실력이 발휘됩니다. 그런 점에서 과정마다 4~5쪽 분량의 개념은 깔끔히 머릿속에 넣어야 합니다. 실제로 제가 지도하면서 수학 실력이 퀀텀 점프를 했던 아이들은 모두 그 과정을 거쳤습니다.

세상에 저절로 되는 일은 없습니다. 자녀가 지금 배우는 과정의 수학 개념을 이해하려고만 하고 외우지 않는다면 "이해했으니 한 번 써보라"고 하세요. 만약 제대로 쓰지 못한다면 외우는 것까지 확실히 할 수 있게 다시 보충해주시는 것이 실력 쌓기에 더 효과적입니다.

03

문제 풀이 실력을
더 높이는 방법

아이들과 수업을 할 때마다 수학 개념 정리가 안 되어 있다는 사실에 놀랍니다. 심지어 공부를 잘한다는 아이들마저 개념 정리가 안 된 경우가 많습니다. 처음에는 아이나 선생님에게 원인이 있다고 생각했는데 아이들을 가르칠수록 특정인에게 원인이 있는 게 아니라 본질적으로 교육 방식에 문제가 있다는 생각을 하게 됩니다.

아이들이 수학 공부를 하는 과정을 떠올려볼까요?

가장 먼저 개념을 배웁니다. 예를 들어 이등변삼각형에 대해 배울 때 성질이나 조건 등에 대해 설명을 듣고 필기를 합니다. 그리고 문제집을 풀면서 그 개념을 얼마나 익혔는지를 평가합니다. 그러면 아이들은 개념 익히기와 문제 풀이 중에서 어디에 더 집중할까요? 당연히 문제 풀이입니다. 문제 풀이의 결과가 곧 성적과 직결되기 때문입니다. 즉 $x+2=4$라는 방정식이 있을 때 $x=2$라고 푸는 것이 중요하지, 굳이 '방정식은 x값에 따라 참이 되거나 거짓이 되는 등식'이라는 개념을 되뇌지 않습니다. 개념 자체는 시험문제로 나오지 않거든요.

개념을 익히는 건 수학 공부에서 기본 중의 기본인데 문제 풀이가 더 중요한 것처럼 인식을 하니, 공부의 순서가 뒤바뀌었다고 할 수 있습니다.

개념을 알면 문제 풀이의 효율이 올라갑니다

저는 암기력이 괜찮아서 중고등학교 때 내신 성적과 수능 점수가 좋은 편이었습니다. 그런데 대학교에 가서 교수님들의 질문을 받고 비로소 제대로 아는 게 없다는 걸 깨닫고 공부를 처음부터 다시 했습니다. 그 과정에서 개념의 중요성과 역할을 알고 어떻게 하면 아이들에게 수학 개념을 효율적으로 가르칠 수 있을까를 고민했습니다. 그래서 탄생한 것이 '백지개념테스트'입니다. 자세히 말하면, 개념을 숙지한 뒤에 백지에 그 개념을 쓰게 하는 것이 백지개념테스트입니다. 이 테스트를 완벽히 통과해야 그 개념이 적

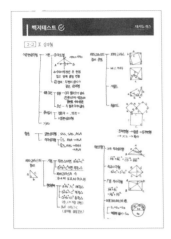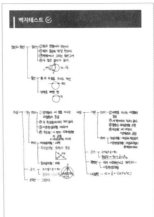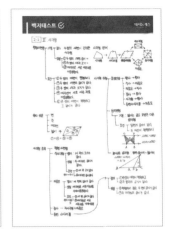

백지개념테스트 예시

용된 문제를 풀게 합니다.

한때는 '개념만 제대로 알면 수학에 관한 모든 게 해결된다'는, 조금은 거만한 생각을 가지고 있었습니다. 그러나 이제는 개념과 문제 풀이가 모두 중요하다는 사실을 겸허히 받아들이고 균형을 맞추려 노력합니다. 그럼에도 불구하고 개념에 좀 더 중점을 두기는 합니다.

문제는 최대한 다양하게 풀어요

개념과 문제 풀이의 관계는 운동을 배우는 방식에 비유할 수 있습니다. 수학 개념을 배우는 것은 운동을 PT 수업으로 배우는 것과 같고, 문제 풀이는 혼자 운동을 하는 것과 비슷합니다. PT 수업을 1개월 받는 것보다 혼자서 운동을 1년 동안 꾸준히 하는 것이 운동 효과가 더 크겠지만, PT 수업을 받으면 운동법을 제대로 익힐 수 있기 때문에 운동을 하다가 부상을 당하거나 잘못된 자세로 인해 신체에 불균형이 오는 것을 방지할 수 있습니다. 물론 PT 수업을 받는다고 해서 저절로 근육이 커지지는 않지만 운동 방법과 운동 기구에 대해 전반적으로 배우면 그 뒤에 혼자 운동을 할 때 운동의 효율이 높아집니다.

그러니 수학 개념을 익힌 뒤에 그것을 활용할 수 있는 문제 풀이를 최대한 다양하게 하는 것이 좋습니다. 지치지 않고 다치지 않는 선에서 말입니다. 운동 부상보다 공부 부상이 더 무서운 건 눈에 보이지 않기 때문입니다. 그 부상이 심해지면 나중에는 공부 이외의 부분에서 큰 문제가 생길 수 있습니다.

특히 수학 공부를 열심히 하기 시작한 아이들은 마음이 조급해져서 문제 풀이에 집중하는 경향이 있는데, 차근히 개념을 이해하고 정리하고 외운 뒤에 문제 풀이를 하면 문제 풀이만 할 때보다 실력을 더 크게 향상시킬 수 있습니다.

진짜 공부 잘한 사람들의 비결, 개념틀 완성하기

저는 커리어만 보면 정말 공부를 잘한 것처럼 보이는데, 고등학교 때까지만 해도 그저 열심히 반복한 것이 전부였습니다. 제 공부 방법이 지극히 평범했고 그리 뛰어난 사람이 아니라는 사실은 대학교에 입학하고 더 절실히 깨달았습니다.

중고등학교 때 저는 분명히 배운 걸 이해했다고 생각했습니다. 그런데 지금 생각하니 개념을 영어 단어처럼 외운 것이었습니다. 그럼에도 시험을 보면 점수가 곧잘 나왔기 때문에 티가 나지 않았을 뿐이었어요. 참 아쉬웠던 점은 그 과정에서 제게 공부를 잘못하고 있다고 말해주는 사람이 없었다는 점입니다. 물론 내신이 좋은 아이에게 '너 공부 잘못하고 있다'고 개입하기가 부담스러웠을 어른들의 입장도 이해는 합니다.

아무튼 그렇게 수능을 준비해서 보았고 결국 고득점을 받아서 명문대에 갔는데, 입시라는 포장지가 벗겨지면서 진짜 실력이 드러났습니다. 한 예로, 교수님과 친구들이 "유리수는 무엇인가요?", "방정식은 무엇인가요?", "함수가 무엇인가요?"라고 물었을 때 대답하지 못했습니다. 어려운 수학 문제는 잘 풀었지만 정작 그 문제들을 푸는 데 꼭 알아야 할 개념은 정확히 몰랐던 것입니다. 그렇게 제 실력의 민낯을 보고 나니 좌절감이 밀려들면서 그동안 제가 해온 공부 방법이 잘못되었다는 것을 스스로 인정할 수밖에 없었습니다.

개념틀을 간단히 세운 뒤에 부분 지식들로 채워나갑니다

그 후로 저는 제대로 된 공부 방법을 찾으려고 공부 잘하는 친구들을 찾아다니며 비결을 물었습니다. 그러다 수학을 정말 잘하는 형을 알게 되어 많은 이야기를 나누면서 공부의 방향을 정하게 되었습니다. 10년이 훌쩍 지난 지금도 생생하게 기억나는 그 형의 한마디가 있습니다.

"내가 수학의 경지에 올랐다고 생각한 때는 고등학교 때 〈수학의 정석〉의 처음부터 마지막 과정까지 나오는 모든 개념을 안 보고 백지에 쓸 수 있다는 확신이 들었을 때였어."

그리고 "시중의 모든 문제집을 풀 수는 없으니 문제집들이 물어보는 개념 체계를 완벽히 머릿속에 담아두면 해답지를 펴놓고 문제를 푸는 것과 같은 효과를 볼 수 있다"고 설명했습니다.

이 말을 듣고 전 큰 충격을 받았습니다. 우리는 보통 다양한 유형의 문제들을 개별적으로 풀고, 그 과정에서 얻은 작은 지식들을 모아 전체를 완성하려고 하는데요. 사실 우리는 한 번도 그 전체가 어떤 것인지 배운 적이 없어서 어떻게 전체를 완성해야 하는지 모릅니다. 그래서 그 형은 개념틀을 간단하게 세워두고 그 틀 위에서 개별 문제들을 풀면서 부분 지식들로 채워나간 것입니다.

이 방법은 라이겔루스라는 유명한 교육학자가 주장한 정교화 이론과 닮아 있습니다. 간단하고 기초적인 개념들로 틀을 만들고, 보다 구체적이고 복잡한 내용으로 정교하게 그 틀을 채우면 개념들의 관계와 중요성을 전체적인 맥락에서 파악할 수 있고, 주어진 기간 동안 의미 있는 복잡성의 수준까지 학습할 수 있다는 내용입니다. 요약하면, 머릿속에 개념틀을 짜놓고 문제들을 풀면서 그 틀을 정교하게 발전시켜나가는 방식입니다. 저는 이런 학습 방식을 대학원에서 배웠는데, 그 형은 고등학교 때 이미 스스로 구현한 것입니다.

단권화로 개념틀을 완성합니다

제가 그 형을 만난 게 스물세 살이었습니다. 그 후로도 저는 공부를 잘한다는 사람들을 만나서 공부 방법을 물었는데, 신기하게도 모두 비슷한 이야기를 했습니다. 그중에서도 고시 공부를 했던 사람들은 배운 개념을 한 권의 노트에 모두 옮겨 담아 그 체계를 완성했다고 했는데요. 그 노트가 바로 단권화 노트입니다.

여기서 '단권화'는 자신이 배운 내용들을 하나의 체계로 합친다는 의미입니다. 보통은 한 권의 기본서를 정하거나, 혹은 노트를 마련해 개념들을 기록하는데요. 기본서를 활용할 경우, 다양한 교재들을 보면서 기본 교재에 없는 내용들이 보이면 기본 교재에 필기해둡니다. 그럼 기본 교재의 내용이 더 풍부해지겠죠. 이렇게 중요한 내용들을 한 곳에 다 모으면 나중에 그 교재만 봐도 모든 내용을 기억할 수 있습니다. 이처럼 공부하며 익힌 개념을 한 곳에 모아 완성된 체계를 갖추는 것이 단권화이며, 그것의 핵심 자료가 단권화 노트입니다.

제가 사용하고 있는 수학 교재 〈에피톰코드〉 역시 단권화 노트를 모델로 제작한 것입니다. 〈에피톰코드〉는 백지개념테스트를 통해서 기본 개념틀을 숙지하고, 다른 교재에 필기한 내용을 옮겨 담을 수 있게 구성되어 있습니다.

처음은 어렵지만 그 끝은 행복합니다

공부를 정말 잘하는 사람들을 만나 이야기를 들으면서 제가 깨달은 것은 '공부는 많은 내용을 자신이 소화할 수 있는 양과 질로 축약해 머릿속에 완벽히 넣는 것이다'였습니다.

그렇게 머릿속에 정리된 체계를 확인하는 가장 좋은 방법은 백지에 개념을 써보는 것입니다. 백지에는 힌트가 없기 때문에 자신의 진짜 실력과 마주하게 됩니다. 이 과정을 통해 머릿속에 잡힌 개념틀의 상태를 확인하고 수정 및 보완하면서 더 발전시킬 수 있습니다.

사실 백지에 개념을 정리하는 것은 명문대 출신들 중에서도 소수만이 달성한 경지입니다. 저도 공부할 때는 하지 못했던 경지이지만 그 효과와 중요성을 너무 잘 알기에 수업의 큰 방향을 '백지개념테스트'로 정했으며, 아이들이 이 경지에 도달할 수 있게 도와줄 〈에피톰코드〉라는 교재를 만들었습니다.

제가 교사 혹은 교육 전문가로서 기여한 것은 이렇게 소수만이 달성한 방법을 시스템으로 구축해서 일반 아이들이 활용할 수 있는 체계로 만들었다는 것입니다. 이 내용은 제 수업의 노하우라 공개할까 말까 고민했는데, 마음먹고 공개하는 만큼 자녀의 공부 지도에 큰 도움이 되면 좋겠습니다.

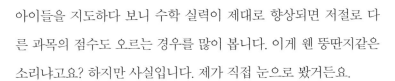

백지개념테스트의
가장 큰 성과

아이들을 지도하다 보니 수학 실력이 제대로 향상되면 저절로 다른 과목의 점수도 오르는 경우를 많이 봅니다. 이게 웬 뚱딴지같은 소리냐고요? 하지만 사실입니다. 제가 직접 눈으로 봤거든요.

여러 번 말씀드린 대로, 저는 수학 개념을 익히는 것이 중요하다고 생각해서 아이들에게 백지개념테스트를 시행하고 있습니다. 처음에는 배운 개념을 백지에 써보라고 하면 굉장히 어색해합니다. 그러나 횟수를 거듭할수록 익숙해져서 6개월 혹은 1년 정도 뒤엔 자연스럽게 개념을 익히고 백지개념테스트도 잘해냅니다.

백지개념테스트로 다져지는 실력은 크게 5단계를 거쳐 눈에 띄게 향상됩니다.

1단계_ 첫 만남, 자신감이 충만해요

처음에 저희에게 오는 아이와 부모님들은 자신감이 있는 경우가 많아요. 왜냐하면 성적이 나쁘지 않고 아이 스스로 자기가 많은 것을 알고 있다고 생각하거든요. 그래서 대답을 시원시원하게 잘하고 학습 태도도 매우 좋습니다. 그리고 아이와 부모님 모두 미래에 대한 큰 기대를 가지고 있어요.

2단계_ 실력의 민낯을 봐요

그러다가 실력 대청소 단계를 맞이합니다. 제가 "이 개념을 아니?", "이 성질을 증명할 수 있니?", "이 문제를 진짜 풀 수 있니?"라고 물어보면서 아이의 본래 실력을 낱낱이 확인합니다. 그러면 아이는 그동안 공부했던 것을 차분히 하나씩 점검하면서 '내가 어설프게 알고 있었구나'라고 자각합니다. 그동안 여러 문제집을 풀면서 많이 배운 것 같았는데 정작 처음부터 끝까지 백지에 적을 수 있는 개념이 거의 없거든요.

148

그렇게 그동안 감춰졌던 실력의 민낯이 드러나면서 아이가 많이 힘들어합니다. 성적이 꽤 떨어지는 경우도 있고요. 집을 대청소할 때 처음에 모든 물건을 다 끄집어내면 오히려 집이 더 어지럽혀지는 것처럼, 자기가 그동안 알고 있던 것들을 하나하나 확실하게 점검하다 보면 마음까지 어지럽혀집니다. 그러니 재미도 없고 실력이 느는 느낌도 안 나고 힘이 들 뿐입니다. 그래서 "열심히는 하는데 실력이 좋아지는지 안 좋아지는지 잘 모르겠어요"라고 말합니다. 하지만 이 기간을 잘 견디면 3단계를 맞이하게 됩니다.

3단계_ 진짜 실력이 늘어요

3단계는 실력 향상기로, 눈에 띄게 아이의 실력이 좋아지는 단계입니다. 2단계의 좌절을 딛고 작은 시도와 노력들이 쌓여서 결국 성장하는데요. "진짜 안다"고 말할 수 있는 개념이 하나라도 생기면 그 개념들을 가지고 연결고리를 만들기 시작합니다. 예를 들면 중등수학 2학년 1학기 과정의 일차함수의 개념을 익히면 3학년 1학기 과정의 이차함수를 배울 땐 한결 수월해져서 꼬리에 꼬리를 물며 개념을 이해하게 되고, 자신감도 상승합니다.

또한 이때부터 쌓는 실력이 진짜 실력이기 때문에 만족할 만한 성과를 거두기 시작합니다. 이 상황은 기나긴 터널을 지나서 밝은

빛을 보게 된 것에 비유할 수 있습니다. 그래서 이 기간에 받는 80점은 1단계에서 받은 80점과 질적으로 다릅니다. 자기가 문제를 어떻게 풀었는지 증명할 수 있거든요. 그 결과 비로소 수학에 대한 흥미와 재미를 느낍니다.

4단계_ 실력에 탄탄히 살을 붙여요

4단계는 심화 문제 풀이 단계입니다. 개념을 숙지하고 기본 문제집을 착실하게 푸는 것은 심화 문제집을 풀기 위한 준비 과정입니다. 문제를 이해하고 받아들일 수 있는 기본틀이 완성됐다면 그다음에는 다양한 유형의 문제들을 풀면서 그 틀에 살을 붙여야 합니다. 그러면 어떤 시험에서든 평소 실력이 발휘됩니다. 학생으로서 프로가 되는 것입니다.

저는 프로의 덕목 중 하나가 반복성이라고 생각하는데, 기본 틀이 갖춰지고 다양한 문제를 반복해서 풀면 어떤 상황에서든 일정한 실력을 낼 수 있는 준비가 되어갑니다.

5단계_ 다른 과목들도 성적이 올라요

마지막 단계에서는 모든 과목의 실력이 향상됩니다. 한 과목 혹은 한 분야에서 실력이 많이 올라가면 그와 유사한 다른 영역에도 그 노하우가 적용되니까요.

사실 저는 처음엔 4단계가 마지막 단계라고 생각했습니다. 수학 실력이 향상된 것을 확인하면서 다 됐다고 생각한 것이지요. 그런데 놀라운 일이 벌어졌습니다. 수학 외 과목들의 성적이 함께 올라간 것입니다.

어떻게 이런 일이 벌어졌을까요? 아이들을 살펴보니 수학을 제대로 공부하다 보니 학습의 기준점이나 태도의 수준이 유의미하게 향상되면서 점차 다른 과목으로 확대된 것입니다. 하나를 잘하면 열을 잘한다는 옛말을 증명하듯 말입니다. 저는 그 첫 과목으로 수학이 적절한 것 같습니다. 논리적이고, 개념과 지식을 쌓는 연습을 하기에 가장 적합한 과목이기 때문입니다.

지금은 제 손을 떠난 한 아이는 중학교 내신을 준비할 때 모든 과목을 스스로 백지개념테스트를 합니다. 그랬더니 중간고사와 기말고사의 성적이 좋은 것은 물론, 공부할 때 어떤 방향으로 어느 선까지 하면 되는지 기준이 잡혀서 기대 이상의 값진 성과를 올리고 있습니다.

제 경험상 1단계에서 5단계까지 거치는 데 대략 1년 6개월에서 2년 정도 걸리는 것 같습니다. 그러니 기간을 감안해서, 여러 가지 과목을 한 번에 다 잡기 어렵다면 한 과목만이라도 확실히 잡을 것을 추천합니다. 한 과목에서 유의미한 성공을 경험하면 다른 과목으로 확대될 수 있고, 그런 성공 경험을 통해 자신만의 공부 기준을 확립한 아이는 나중에 더 큰 성과를 거두리라 확신합니다.

06

집에서 만드는 백지개념정리 노트, $\frac{1}{9}$ 개념노트

기본적으로 '백지 위에 쓸 수 있는 것만 진짜다'를 모토로 하는 백지개념테스트는 모든 과목에 적용할 수 있습니다. 어떤 과목이든 배운 내용을 일정한 양으로 축약해서 머릿속에 넣어야 하는 과정은 동일하기 때문입니다.

특히 수학은 배운 내용을 요약해서 개념틀을 짜고 그 개념틀을 실제 문제 풀이에 활용해야 합니다. 백지개념테스트 외에 문제 풀이라는 단계가 하나 더 있는 것이죠. 하지만 일반적인 암기 과목은 내용을 요약해서 머릿속에 넣는 지식 자체가 시험문제로 나오기 때문에 백지개념테스트가 더 효과적일 수 있습니다.

백지개념테스트는 백지개념정리를 기초로 하는데, 제가 제작한 교재인 〈에피톰코드〉의 앞부분에 백지개념정리를 하도록 되어 있습니다. 〈에피톰코드〉를 가지고 있고 제 강의를 듣는 아이라면 자연스럽게 할 테지만, 이 책을 통해 처음 백지개념테스트와 〈에피톰코드〉를 알게 된 아이들은 백지개념정리를 어떻게 해야 할지 막막할 수 있습니다. 그런 분들에게 어떻게 알려드려야 할까를 고민하다가 적절한 방법을 찾았습니다.

3분의 1씩 두 차례에 걸쳐서 내용을 정리합니다

그것은 바로 '$\frac{1}{9}$ 개념노트'입니다. 왜 9분의 1일까요?

백지개념정리를 하기 위해서는 가장 먼저 책에 밑줄을 그어야 합니다. 밑줄은 전체 내용에서 3분의 1 정도에 긋습니다. 그리고 그중에서 3분의 1의 내용으로 백지개념정리를 합니다. 그렇게 3분의 1 곱하기 3분의 1이라서 $\frac{1}{9}$ 개념노트입니다. 전체 내용을 빠르게 훑으면서 3분의 1 정도의 내용으로 개념의 뼈대를 만든다고 생각하시면 됩니다.

그런데 의문이 생기실 겁니다. '전체 내용 중에서 9분의 1 내용으로 개념노트를 만들었다가 나머지 9분의 8에서 시험문제가 나오면 어떻게 하지?'라고요. 하지만 저는 확신합니다. 그 9분의 1의 내용으로 만든 개념틀이 자리를 잘 잡으면 나머지 9분의 8의 내용으로 9분의 1 개념틀에 살을 붙이면서 그 틀이 더 견고해진다는 것을요. 마치 건물을 지을 때 뼈대를 먼저 세우고 나머지 자재들을 그 위에 얹는 것과 같습니다. 나머지 9분의 8 내용까지 건지려다가 9분의 1 개념틀이 무너지는 경우도 많으니 9분의 1 개념틀에 집중하면 좋겠습니다.

수학의 경우 $\frac{1}{9}$ 개념노트를 만들면 이런 결과물이 나올 것입니다.

서울대학교 출신의 한 선생님이 고등학교 때 만든 $\frac{1}{9}$개념노트

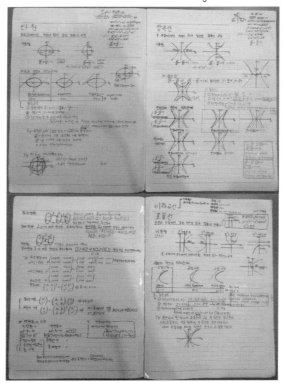

위 노트는 저와 함께 일했던 서울대학교 출신의 선생님께서 고등학교 때 정리하신 개념노트입니다. 기하와 벡터 부분이 다섯 장으로 정리되어 있습니다. 막상 개념을 정리하고 보면 생각보다 양이 많지 않습니다. 이 분은 중고등학교 내내 전교 1등이었고, 서울대학교에 입학해서도 높은 학점을 유지했습니다.

그리고 아래 사진은 제가 대학원에서 통계를 공부할 때 만든 개념노트입니다.

이렇듯 내용의 난이도와 분량은 다르지만, 많은 학습 내용을 자기가 감당할 수 있는 양으로 정리해서 머릿속에 넣는다는 기본 원

필자가 대학원에서 통계를 공부할 때 만든 개념노트

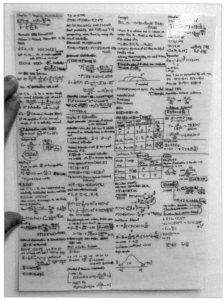

리는 동일합니다. 여기에 백지개념정리를 하면 반드시 다 외우지 않아도 충분한 효과가 있습니다.

주의할 것은, 자녀가 만드는 $\frac{1}{9}$ 개념노트와 제가 만든 〈에피톰코드〉를 비교하면 안 된다는 것입니다. 기본 원리는 같지만, 〈에피톰코드〉는 수업 시간에 아이들을 지도할 목적으로 만들었기 때문에 아이들이 스스로 만든 $\frac{1}{9}$ 개념노트보다 형태가 조금 더 정제되어 있습니다.

과목별로 $\frac{1}{9}$ 개념노트를 만들면 시험 하나를 준비하면서 과목당 4~5장 정도의 개념노트가 나올 것입니다. 이것을 모아서 중간고사, 기말고사를 치르면 성적의 상승을 기대할 수 있으며, 수능을 준비하면서 차곡차곡 모아둔 $\frac{1}{9}$ 개념노트는 고3 때 모의고사를 보거나 대입에서 성과를 내는 데 압도적인 역할을 할 것입니다.

$\frac{1}{9}$ 개념노트를 만드는 것은 백지개념테스트만큼이나 큰 공부 비법입니다. 처음에는 $\frac{1}{9}$ 개념노트를 만드는 것이 번거롭고 어색하고 낯설겠지만 한두 번 만들면서 익숙해지면 점점 솜씨가 늘어납니다. 그러니 지금이라도 자녀가 차분히 한 과목씩 $\frac{1}{9}$ 개념노트를 작성할 수 있도록 도와주시기 바랍니다.

이해한 내용은 자기 언어로 정리합니다

수학 개념을 익혀서 개념노트에 정리할 때 가장 중요한 것은 문제집에 적혀 있는 개념을 이해한 뒤에 자기 언어로 재해석해서 정리하는 것입니다. 자기 언어가 굉장히 유치해도 상관없습니다. 수학 개념을 자신에게 친숙한 단어로 바꿔서 이해할 때 비로소 개념틀이 탄탄하게 채워져서 그 개념이 적용된 문제들을 풀 수 있습니다. 영어 단어 외우듯이 수학 개념을 외우면 그 개념을 응용한 문제는 절대 풀지 못할 뿐만 아니라 문제를 풀더라도 큰 의미가 없습니다. 언제 실력이 무너질지 모르기 때문입니다.

아마 부모님들은 지금 우리 아이가 어느 정도 개념을 이해했는지 궁금하실 것입니다. 혹시 확인이 필요하신가요? 가장 확실한 방법은 수학 문제집을 편 뒤 해당 페이지에 등장한 개념을 가리키며 "네가 이해한 언어로 설명해보라"고 하는 것입니다. 물론 자녀의 진짜 실력을 확인하는 게 두려울 수 있습니다. 하지만 지금 자녀의 개념 이해 수준을 알지 못하면 나중에 더 큰 일이 벌어질 수 있습니다. 그러니 지금이라도 용기를 내서 자녀와 함께 그동안 배운 수학 개념을 정리해보시면 좋겠습니다.

내 손으로 만드는 수학 개념 교과서 〈에피톰코드〉

저는 기본 과정과 심화 과정으로 나누어서 수업을 진행합니다. 기본 과정의 수업은 개념 수업과 문제 풀이 수업으로 구분합니다. 이 모든 수업의 공통점이 두 가지가 있는데, 하나는 백지개념테스트를 중요하게 생각하는 것이고, 또 다른 하나는 백지개념 테스트와 백지개념정리를 위한 교재 〈에피톰코드〉를 다른 교재들과 함께 사용한다는 것입니다.

〈에피톰코드〉의 효과

〈에피톰코드〉는 제가 직접 제작한 것으로, 한눈에 자신이 배운 수학 개념을 모아서 볼 수 있는 전용 교재입니다. 일반 문제집들에 나온 개념을 모았다고 생각하시면 됩니다. 일반 문제집들과 다른 점이 있다면 책의 맨 앞에 아이들이 알아야 할 개념을 압축해서 정리해놓았다는 것입니다. 일반 문제집에도 개념 설명이 되어 있기 때문에 전체 수업의 흐름에서 문제가 되지 않습니다. 이 교재로 개념 진도를 다 나가면 백지에 배운 개념을 쓰게 하는 백지개념테스트를 시행합니다.

수학 문제를 잘 풀려면 어떤 개념들을 활용하고 조합해서 문제를 구성했는지 이해해야 하는데, 〈에피톰코드〉에 개념을 정리하면서 '이 정도만 알면 문제를 풀어도 된다'는 감을 아이들이 익힐 수 있습니다.

〈에피톰코드〉를 활용하면 누릴 수 있는 장점은 다음과 같습니다.

• 배운 내용을 스스로 채워가면서 자신만의 교재를 완성합니다.
• 단권화 형태로 개념만 명료하게 정리합니다.

• 복습할 때 쉽게 되살릴 수 있는 기억 체계를 만듭니다.
• 학습한 개념을 확인하는 백지개념테스트를 할 수 있습니다.

〈에피톰코드〉를 수업에 활용하는 4단계
〈에피톰코드〉를 활용한 수업 과정은 총 4단계입니다.

1단계는 정수 학습입니다. 각 과정별 개념 중에서 핵심을 학습합니다. 수업 후엔 해당 영역에 배운 개념을 기록하면서 자신이 아는 것을 확인합니다. 들어서 아는 것과 백지에 적을 수 있는 것은 엄청난 차이가 있습니다.

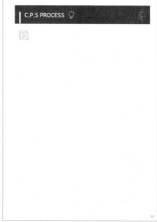

2단계는 백지개념테스트입니다. 외운 개념을 백지에 적는 시험을 봅니다. 배운 개념들을 백지에 써보면서 완벽히 이해하지 못한 부분을 확인하고 보완합니다.

3단계는 문제 풀이 과정으로, 모든 문제는 C.P.S. 프로세스를 활용해 해결합니다.

- C(Concept) : 해당 문제가 〈에피톰코드〉의 몇 번 개념에 포함되는지 기록합니다.
- P(Point) : 해당 문제를 푸는 데 필요한 노하우를 기록합니다.
- S(Solution) : 문제 풀이를 작성합니다.

4단계는 반복 학습입니다. 틀렸든 맞혔든 중요한 문제들은 별도의 오답노트에 기록하고 완벽히 이해할 때까지 반복하며 학습합니다. 개념틀은 기억하기 쉬운 방식으로 구성하는데, 한번 외웠다고 해서 영원토록 기억나는 것이 아니기 때문에 반복해서 익혀야 합니다.

두 번 하지 않는 선행이 가장 빠른 선행입니다. 그러니 자녀의 학습 상태를 살펴서 하나씩 차분히 진행하면 좋겠습니다. 절대 서두르면 안 됩니다. 그렇게 1년을 차분히 준비하면 자녀의 향상된 수학 실력을 확인할 수 있을 것입니다.

중등수학이 탄탄하면 대입이 수월해집니다

: 대수와 기하의 학습 포인트 & 학년별 공부법

중등수학은 고등수학의 기본이 되고 대입 수학의 발판이 되는 만큼 확실히 익히고 넘어가야 합니다. 이번 장에서는 중등수학을 어떻게 공부해야 기초 실력은 물론 응용 실력까지 좋아질 수 있는지에 대해 이야기합니다.

✕

대수를 잘하는 아이,
기하를 잘하는 아이

중등수학 과정은 뇌의 고른 발달을 위해서 1학기에는 '대수' 영역을, 2학기에는 '기하' 영역을 공부하도록 되어 있습니다. 초등학생 때는 한 과정을 끌고 갈 힘이 안 되니 한 학기가 아니라 한 단원씩 두 영역을 왔다 갔다 하며 배웠지만, 중학생이 되면서 한 학기씩 깊이 있게 공부하는 것입니다.

중등수학에서 대수 영역은 미지수 x와 y를 두고 식을 세우고 연산하는 과정으로 단·다항식, 방정식, 부등식, 함수가 포함됩니다. 기하 영역은 도형에 필요한 보조선을 긋고 변의 길이나 각의 크기를 구하는 것으로 삼각형, 사각형, 입체도형의 겉넓이와 부피,

피타고라스의 정리 등이 포함됩니다. 쉽게 말해서 대수는 방정식, 기하는 도형이라고 할 수 있습니다.

그런데 희한하게도 어떤 아이들은 대수 문제를 쉽게 풀고, 어떤 아이들은 기하 문제를 쉽게 풉니다. 이는 아이들의 성향과도 관련이 있는데요. 대수와 기하의 특징이 무엇이고, 내 아이의 성향이 대수에 맞는지 기하에 맞는지를 안다면 수학 공부를 도와줄 때 무엇에 더 중점을 둬야 하는지 가닥이 잡힐 것입니다.

대수는 좌뇌형, 기하는 우뇌형

대수는 꼼꼼하고 정확한 계산을 요구하기 때문에 뇌 기능의 관점으로 봤을 때 좌뇌와 관련이 있습니다. 그래서, 다 그런 건 아니지만, 주로 꼼꼼하고 꾸준하고 차분한 아이들이 좋아합니다. 왜냐하면 미지수 x, y를 두고 하나씩 차분히 풀다 보면 대개 답이 나오기 때문입니다. 실제로 문제를 풀어가는 연산 과정이 복잡하기 때문에 에너지와 시간이 많이 들더라도 꼼꼼하고 차분하게 문제를 푸는 아이일수록 정답률이 높습니다.

하지만 기하는 성격이 조금 다릅니다. 도형과 전체적인 그림을 이해하는 능력이 필요해 뇌 기능상 우뇌와 관련이 있습니다. 그래서 감각적이고 직관적인 아이들이 기하를 좋아하는 편입니다.

기하 문제의 특징은 도형에서 필요한 보조선이 그어지면, 즉 어떻게 푸는지 길이 보이면 10초 이내에 답이 나오는 경우가 많지만, 보조선이 안 보이기 시작하면 절대 답이 보이지 않는다는 것입니다. 그래서 기하는 차분한 아이들이 싫어하는 경향이 있습니다. 왜냐하면 대수는 시간과 에너지를 들일수록 문제가 잘 풀리는데, 기하는 보조선 하나 때문에 한 시간을 들이든 두 시간을 들이든 문제가 안 풀리는 경우가 허다하거든요. 물론 기하 문제를 수준 높은 방식으로 푸는 건 좀 다른 문제이지만, 대체적으로 감각적이고 직관적인 아이들이 잘 푸는 경향이 있습니다.

물론 두 가지를 다 좋아하고 잘하는 아이들도 있지만 성향에 따라 어느 정도 선호도는 분명히 있습니다.

대수와 기하 중 무엇에
더 집중해야 할까?

"중학수학에서 대수와 기하 중 무엇이 더 중요할까요?"라는 질문을 종종 받습니다. 이 질문은 "엄마가 좋아, 아빠가 좋아?"와 같은 질문이지만, 아주 중요한 질문이라 어떻게 대답을 하는 게 맞을지 많은 고민을 했습니다.

다들 아시겠지만, 중등수학 과정에서는 1학기에 대수를 배우고 2학기에 기하를 배웁니다. 여기서 대수란 미지수 x, y 문자가 들어가는 방정식, 함수 등의 단원을 말하고, 기하는 삼각형·사각형·원 등 도형을 주로 다루는 단원입니다. 대수와 기하를 학기마다 번갈아 배우는데, 많은 부모님들이 둘 중에 어느 것에 더 집중해야 하는지를 궁금해하셔서 오랜 고민 끝에 "중등수학 과정에서는 기하를 완벽히 익히는 것이 더 중요하다"라고 결론을 내렸습니다. 제가 왜 이렇게 결론을 내렸을까요?

대수는 연결되어 있고, 기하는 개별성을 띱니다

우선, 1학년 1학기 때는 '일차방정식'과 '정비례 반비례'라는 이름으로 함수를 배웁니다. 그리고 2학년 1학기 때는 일차방정식이 진화된 '연립방정식'과 정비례 반비례가 진화된 '일차함수'를 배웁니다. 그리고 3학년 1학기 때는 연립방정식이 진화한 '이차방정식'과, 일차함수가 진화한 '이차함수'를 배웁니다. 이렇게 대수는 앞 과정과 뒤 과정이 순차적으로 연결되는 특징이 있습니다. 게다가 고등학교 1학년인 수학-상 과정에서는 이차방정식과 이차함수, 그리고 이차부등식을 결합하는 방법에 대해서 배웁니다. 그래서 큰 틀로 보면 수학-상은 중학교 3학년 1학기 대수의 진화 버전이라고 생각해도 무리가 없습니다. 한마디로 대수는 중등수학의 1학년 1학기, 2학년 1학기, 3학년 1학기와 고등수학의 수학-상까지 내용이 연결되어 있습니다.

그러면 2학기 때 배우는 기하는 어떨까요? 1학년 2학기 때는 기본도형과 평면도형, 원과 부채꼴, 입체도형 등을 배우고, 2학년

2학기 때는 이등변삼각형처럼 삼각형과 외심과 내심, 사각형, 닮음, 그리고 3학년 2학기 과정에서 내려온 피타고라스의 정리를 배웁니다. 그리고 3학년 2학기 때는 삼각비와 원과 통계를 배웁니다. 이게 대수 과정과 어떻게 차이가 나는지 눈치채셨나요? 그것은 바로 2학기에 배우는 기하 단원들의 경우 연관성이 있기는 하지만, 크게 보면 개별적입니다.

예를 들어 2학년 2학기에 배우는 삼각형을 잘한다고 해서 3학년 2학기에 배우는 원을 잘하는 것은 아니거든요. 그리고 결정적으로, 수학-상에서는 기하를 거의 안 배웁니다. 물론 '도형의 이동'에는 일부 기하 내용이 나오지만 전체적으로 보면 수학-상에서는 기하가 안 나온다고 생각해도 크게 무리는 없습니다.

기하는 보충할 시간이 없습니다

그럼, 수학-상까지 연결되는 대수가 더 중요할까요? 아니면 연결성이 없고 수학-상에서는 배우지 않는 기하가 더 중요할까요?

아마 대수가 더 중요하다고 대답할 부모님들이 많으실 텐데요. 저는 중학교 때는 기하를 깔끔하게 정리하는 것이 더 중요하다고 생각합니다. 물론 대수 영역이 제대로 학습되지 않으면 문제가 생기지만, 다행히도 나중에 보강할 기회가 있습니다. 하지만 2학년 2

학기 과정에서 삼각형의 외심과 내심을 완벽히 이해하지 못하고 넘어가면 그 후에는 그 부분을 보충할 기회가 전혀 없습니다. 그렇기 때문에 기하를 배울 때 정의, 성질, 조건에 맞춰서 깔끔하게 익혀야 합니다.

이런 특성 때문에 많은 학원들이 '중등수학 과정의 기하 정리'라는 수업을 통해 요약정리를 해주는데, 그런 수업은 일부 과정이 빠질 수 있기 때문에 완벽히 보충할 수 없습니다. 그래서 2학년 2학기와 3학년 2학기 과정을 배울 때 확실히 익히고 모든 증명을 다 해봐야 합니다. 그렇지 않으면 고등수학 과정에서 '파푸스의 중선정리'나 외심의 성질을 다시 이용하는 부분, 무게 중심의 특성 같은 내용이 나올 때 멘붕을 겪을 수 있습니다. 그때는 중학교 2학년 2학기 때 배운 내용을 다시 공부하며 보충하는 수밖에 없는데, 현실적으로 그럴 시간이 많지 않습니다. 그래서 제가 중등수학에서 기하가 더 중요하다고 결론을 내린 것입니다.

이런저런 상황을 고려해서 중등수학에서 중요한 과정 3가지를 꼽으라면 2학년 2학기, 3학년 2학기, 3학년 1학기를 꼽을 수 있습니다. 그러니 자녀가 2학년 2학기와 3학년 2학기 과정을 공부하는 중이라면 "다시 못 올 기회이니 좀 더 집중해서 해" 정도는 말해주시면 좋겠습니다.

대수의 실력을 높이는
확실한 방법, 곱셈공식

아이가 1학기 과정, 즉 대수 영역에서 실력이 늘지 않으면 대부분
방정식, 부등식, 함수에서 큰 어려움을 겪게 됩니다. 그런 경우에
는 대수 영역의 실력을 늘리려고 방정식과 부등식, 그리고 함수 단
원을 반복해서 연습하는 경향이 있는데, 사실 아이들이 대수 영역
을 어려워하는 이유는 방정식 때문이 아니라 그 앞 단원인 '문자
와 식' 때문입니다.

문자와 식 단원에서는 x, y라는 문자에 숫자를 혼합한 식으로
연산하는 연습을 합니다. 초등 과정에서는 숫자만 가지고 계산했
는데 중등 과정에서는 식에 문자가 등장하니 어려워하는 것입니
다. 그런데 x와 y를 다루는 문자와 식 단원을 확실히 익히지 못하

면 그 뒤의 단원인 방정식과 함수를 공부할 때 이해하기 어렵습니다. 이것은 마치 초등학교 수학에서 구구단을 완벽히 습득하지 않은 채 분수의 덧셈과 뺄셈을 하는 것과 같습니다.

곱셈공식을 완벽히 외워야 방정식도 함수도 잘합니다

아이들이 대수 영역에서 가장 크게 좌절하는 경우가, 문제를 어떻게 풀어야 하는지는 아는데 문자가 섞인 단·다항식의 연산이 익숙하지 않아서 답이 항상 틀릴 때입니다. 그렇게 답이 틀리다 보면 '풀어봤자 어차피 틀릴 텐데' 하는 생각이 들면서 좌절하고 방정식과 부등식에 대한 막연한 두려움까지 생깁니다. 그러면 아이들의 의욕을 되살리기가 훨씬 더 어려워집니다.

이런 일이 생기지 않게 하는 방법이 있습니다. 바로 곱셈공식을 완벽히 외우는 것입니다. 중고등 과정에서 문자와 식 단원의 연산이 가장 압축적으로 드러나는 파트가 바로 곱셈공식입니다. 곱셈공식은 현재 교육과정에서 중학교 3학년 1학기 과정과 고등학교 수학-상에 나옵니다. 대부분의 경우 이 공식을 간단히 두세 번 반복하고 아이들이 적당히 아는 것 같으면 그냥 넘어가는데, 그러면 절대 안 됩니다. 아이들이 충분히 이해할 때까지 계속 반복해야 합니다.

곱셈공식이 지금은 3학년 1학기 과정에 있지만, 원래는 2학년 1학기 과정에 있었습니다. 비록 교육과정은 바뀌었지만, 곱셈공식은 2학년 1학기 과정에서 반드시 외워야 합니다. 3학년 1학기 과정에서 곱셈공식을 하면 바로 다음에 인수분해를 해야 하기 때문에 숙련도가 낮아질 수 있습니다.

저는 곱셈공식을 기본 공식 8개와 변형 공식 8개로 구분해서 아이들이 최대한 어렵고 힘들게 연습할 수 있도록 지도합니다. 이

곱셈공식

기본 공식 8가지	변형 공식 8가지
① $(a+b)^2 = a^2 + 2ab + b^2$	① $a^2 + b^2 = (a+b)^2 - 2ab$
② $(a-b)^2 = a^2 - 2ab + b^2$	② $a^2 + b^2 = (a-b)^2 + 2ab$
③ $(a+b)(a-b) = a^2 - b^2$	③ $(a+b)^2 = (a-b)^2 + 4ab$
④ $(x+a)(x+b) = x^2 + (a+b)x + ab$	④ $(a-b)^2 = (a+b)^2 - 4ab$
⑤ $(ax+b)(cx+d) =$ $acx^2 + (ad+bc)x + bd$	⑤ $a^2 + \dfrac{1}{a^2} = (a+\dfrac{1}{a})^2 - 2$
⑥ $(-a-b)^2 = a^2 + 2ab + b^2$	⑥ $a^2 + \dfrac{1}{a^2} = (a-\dfrac{1}{a})^2 + 2$
⑦ $(-a+b)^2 = a^2 - 2ab + b^2$	⑦ $(a+\dfrac{1}{a})^2 = (a-\dfrac{1}{a})^2 + 4$
⑧ $(-a+b)(-a-b) = a^2 - b^2$	⑧ $(a-\dfrac{1}{a})^2 = (a+\dfrac{1}{a})^2 - 4$

곱셈공식의 학습 3단계

－1단계: 순방향(기본 공식 ①→⑧, 변형 공식 ①→⑧)
－2단계: 역방향(기본 공식 ⑧→①, 변형 공식 ⑧→①)
－3단계: 역방향(기본 공식 ⑧→①, 변형 공식 ⑧→①) + 좌변과 우변 반대로 쓰기 + 좌우변 변환

때 총 3단계로 연습을 시키는데요. 1단계는 기본 공식 ①부터 ⑧까지 외운 뒤에 변형 공식 ①부터 ⑧까지 순서대로 외우게 합니다. 2단계는 변형 공식 ⑧부터 ①까지 외운 뒤에 기본 공식 ⑧부터 ①까지 외우게 합니다. 그리고 마지막 3단계는 변형공식 ⑧부터 ①, 기본 공식 ⑧부터 ① 이렇게 외우게 한 뒤에 좌우 변을 바꿉니다.

이렇게 저는 모든 아이들에게 3단계에 걸쳐 곱셈공식을 반복해 외우게 합니다. 곱셈공식을 완벽히 습득하기까지 30회 이상 시험을 친 아이도 있을 정도입니다. 2개월짜리 수업이라면 거의 3주 정도는 곱셈공식을 외우는 데 할애합니다.

이렇게 대수 영역에서 단·다항식의 연산인 곱셈공식을 완벽히 외우고 나면 그 뒤의 방정식과 부등식 단원이 한결 수월하게 이해될 뿐만 아니라 방정식 때문에 고생했던 아이들도 단·다항식의 실력이 단단해지면서 방정식을 쉽게 푸는 경우도 생깁니다.

물론 문자와 식 단원을 계속 반복하면서 연습하는 것은 굉장히 지루할 수 있습니다. 하지만 곱셈공식과 문자와 식 단원의 연산이 대수라는 큰 탑을 쌓는 데 가장 중요한 기초 공사라고 생각하면서 확실히 익힌다면 그 뒤의 방정식, 부등식, 함수라는 탑을 남들보다 훨씬 빠르고 수월하게 완성할 수 있습니다.

대수의 고민 덩어리 '방정식의 활용'을 해결하는 방법

중등수학에서 아이들이 제일 어려워하는 부분 중 하나는 '방정식의 활용'입니다. 거속시가 있고, 소금물이 있고, 일이 있고, 뭐 시계가 있고 그렇거든요. 아이들이 방정식의 활용을 어려워하고 못하는 원인은 크게 두 가지입니다.

첫째, 문자와 식 단원의 연산이 안 되기 때문입니다. 그러면 방정식의 활용 단원까지 가보지도 못합니다. 이런 경우에는 무작정 방정식의 활용 단원을 공부할 것이 아니라 문자와 식 단원을 먼저 해야 합니다. 문자와 식 단원의 연산을 몇 번 해보고 괜찮아지면 다시 방정식의 활용 단원으로 넘어가는 것이 맞습니다.

둘째, 문자와 식 단원의 연산은 되는데 방정식의 활용 단원 자체가 약한 경우입니다. 저도 처음에는 이런 경우가 이해가 안 됐습니다. 왜냐하면 문제를 읽고 그것에 맞춰 식을 세워서 풀면 되니까요. 그런데 제가 지도하는 아이들 중에도 문자와 식 단원과 방정식, 함수는 매우 잘하는데 유독 방정식의 활용 단원에서 방황하는 아이들이 있어서 지금은 이런 경우를 겸허히 받아들이고 있습니다.

그럼 이 경우는 어떻게 헤쳐가야 할까요?

지금 할 수 있는 수준부터 다시 시작하세요

제가 지도하는 아이들 중에서 2학년 1학기나 3학년 1학기 과정을 공부하는데 1학년 1학기 방정식의 활용 단원을 어려워하는 경우가 있습니다. 그런 경우에는 연산 실력을 강화해야 합니다.

중등수학과 고등수학에서 연산이 안 된다는 것은 앞에 플러스(+)와 마이너스(−)가 붙은 x, y 문자를 다루지 못한다는 것을 뜻합니다. 예를 들면 $x+2=4$에서 x에 2를 넣은 것이나 $2+2=4$나 결과는 똑같은데 아이들은 x, y가 나오는 것만으로도 문제를 어렵게 느끼는 것입니다. 특히 1학년 1학기 과정의 '정수와 유리수', '다항식의 연산', 2학년 1학기의 '문자와 식의 연산' 단원에서 연산이 안 되어서 파생된 문제이기 때문에 1학년 1학기와 2학년 1

학기 과정의 연산 문제가 해결되면 어느 정도 연산 문제는 해결할 수 있습니다.

가장 좋은 방법은 주 1회 정도 시간을 할당해서 아이가 풀 수 있는 수준의 문제집부터 시작하는 것입니다. 저는 어느 부분에서 문제가 시작됐는지를 알기 위해 위에서부터 역순으로 진행합니다. 2학년 1학기 과정의 연립방정식과 문자와 식의 연산, 1학년 1학기 과정의 문자와 식의 연산과 정수와 유리수 순으로 말이죠. 이렇게 위에서부터 밑으로 차근히 내려가다 보면 어느 부분이 문제인지를 알게 됩니다.

그다음에는 시중에 나와 있는 연산 문제집 중에서 가장 쉬운 문제집을 고릅니다. 〈빅터 연산〉, 〈쎈 연산〉, 〈수력 충전〉 등인데 이 세 문제집은 종류는 다르지만 난이도가 거의 비슷하고, 매일 풀 수 있게 구성되어 있습니다. 한마디로, 어려워서 못 하는 것이 아니라 귀찮아서 안 하는 문제집입니다. 이 점이 연산이 안 되는 문제를 해결할 때 가장 중요한 포인트인데요. 아이의 입장에서 '이거 너무 쉬운 거 아냐? 굳이 이걸 해결해야 돼?' 하는 수준부터 출발해야 합니다. 그 이유는 승리 경험을 쌓아가며 연산 문제를 해결해야 효과가 좋기 때문입니다. 그렇지 않으면 위에서부터 해결한다 하더라도 어차피 다시 드러내서 고쳐야 합니다.

연산 문제집을 선택했다면 뒷부분의 방정식의 활용 단원을 차분히, 시간을 투자해서 풀린 뒤에 그다음 단계로 〈개념플러스유형〉의 '개념' 부분을 풀리고, 그다음에는 '유형' 부분을 풀립니다. 이것을 다 풀고 나서도 해결될 기미가 안 보이면 〈쎈〉의 B단계와 〈RPM〉을 풀립니다. 되게 많은 문제집을 푸는 것 같지만, 이 문제집들의 난이도가 그렇게 높지 않기 때문에 예상한 것보다 시간이 얼마 걸리지 않습니다.

1학년 1학기 과정의 연산 문제가 해결되면 같은 방법으로 2학년 1학기 과정의 단·다항식 단원을 풀면 됩니다. 이렇게 해서 1학년 1학기 연산 문제와 2학년 1학기 연산 문제가 해결되면 3학년 1학기 연산 문제는 대부분 자연스럽게 해결됩니다.

제가 많은 아이들의 연산 문제를 해결해봤지만 이 정도 노력을 해서 해결이 아예 안 된 경우는 거의 없었습니다. 여기에서 문제집 하나를 더 풀리느냐 덜 풀리느냐의 문제일 뿐입니다.

이 과정을 거치는 데 약 3~4개월 걸립니다. 하지만 일주일에 한 번 하고, 문제집들은 난이도가 높지 않기 때문에 아이들이 느끼는 부담도 크지 않습니다. 시간을 길게 잡고 하나씩 하는 데 의의가 있는 것이죠. 그런데 되게 재미있게도 문자와 식 단원의 연산만 해결했을 뿐인데 그 뒤에 배우는 방정식, 부등식, 함수가 저절로 연산되는 경우가 꽤 있습니다.

어떻게 보면 연산은 실력의 영역이기보다 인내심과 꾸준함의 영역입니다. 그러니 아예 처음부터 대청소를 한다는 마음으로 접근하면 좋겠습니다.

여기서 가장 큰 적은 조급함입니다. 빨리 해결하고 싶겠지만 3~4개월 동안 일주일에 한 번, 3시간 정도를 투자한다면 반드시 좋은 성과가 있을 것입니다.

어느 유형에 약한지 파악해야 합니다

어떤 아이들은 유독 거속시 문제를 이해 못 하고, 어떤 아이들은 소금물 문제를 못 푸는 등 아이마다 잘하는 유형이 있고 못하는 유형이 있습니다. 그럴 때는 좀 전에 말씀드렸던 단계별 과정에서 해당하는 유형만 분리해서 먼저 진도를 나가도 괜찮습니다.

사실 방정식의 활용이라고 뭉뚱그리면 굉장히 막연하고 어렵지만, 그 안에서 유형을 분리하면 거속시, 소금물, 일의 양, 정가 원가, 증가 감소, 도형 등 6~7가지로 구분할 수 있습니다. 그중에서 한두 가지 유형이 안 되면 아이들은 "그냥 방정식의 활용이 싫어요"라고 말합니다.

이럴 때는 부모님이나 선생님이 각 유형의 문제들을 같이 풀어봐야 합니다. 5~10문제 정도 풀어보면 어떤 유형에 약한지 감이 오거든요. 그리고 나서 자녀와 유형별로 난이도에 맞는 진도를 정합니다. "1학년 1학기의 이 정도 문제집에 있는 거속시 문제는 우리가 함께 풀었으니 할 수 있겠지?"라고 물어서 자녀가 동의하면 그 문제집에서 해당하는 유형만 풀면 좀 더 빨리 적응할 수 있습니다.

제 경험상 한 가지 유형만 몰라도 전체를 모른다고 판단하는 아이들은 그 유형이 해결되면 방정식의 활용 단원 전체를 빠르게 익히는 경우가 많습니다. 그러니 자녀에게 방정식의 활용 단원 전체가 어려운 건지, 그중 특정 유형이 어려운 건지를 물어보고 어려운 정도나 범위를 확인한 뒤에 유형별로 차근차근 단계를 밟아가며 난이도를 높이면 우려하시는 것보다 훨씬 빨리 방정식의 활용 단원을 익혀나갈 수 있습니다.

×

05

기하의 실력을 높이는 가장 확실한 방법, 그림 외우기

기하는 대수에 비해 실력을 쌓기가 애매하고 막막한 면이 있습니다. 체계적으로 하나씩 풀어가면 되는 대수에 비해 기하는 풀이를 위한 보조선이 안 보이면 하염없이 시간을 보내야 하기 때문입니다. 그럼 어떻게 해야 할까요?

기하 문제를 좀 더 쉽게 푸는 방법에 대해 고민을 많이 했지만 제가 내린 결론은 '정답인 그림을 완벽히 외운다'입니다. 그림을 외운다니, 이해가 좀 안 되시죠? 그 부분에 대해서 좀 더 자세히 설명을 해보겠습니다.

공식이 이루어지는 그림을 완벽히 외우면 실수가 줄어듭니다

중학수학에서 기하 영역은 삼각형, 사각형, 그리고 원에 대해서 다양한 성질과 그 성질들을 증명하는 공식들로 이뤄져 있습니다. 그런데 아이들은 정작 그 공식을 언제 써야 하는지 모를 때가 많습니다. 예를 들면, 아래의 그림은 2학년 2학기 과정의 '닮음' 단원에 나오는 것입니다.

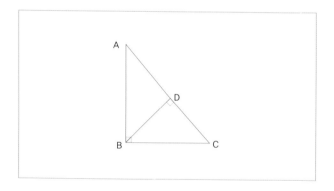

그림을 보시면 직각삼각형이 2개 있고요. 이와 관련된 성질과 공식은 5개쯤 있습니다. 그중 제일 중요한 조건은, 그 공식들을 사용하려면 그림에 직각이 2개 있어야 한다는 것입니다. 그래서 저는 이 그림을 가리켜 '더블직각삼각형'이라고 이름을 붙이고, 꼭 직각이 2개 있을 때만 그 공식들을 사용하라고 이야기를 해줍니다.

그래도 아이들은 이와 비슷한 그림을 보면 무조건 더블직각삼각형 공식을 넣으려고 합니다. 아이들의 이런 실수를 몇 번 본 뒤로는 공식을 외우기 전에 그 공식이 이루어지는 그림을 완벽히 외우게 합니다. 그러면 아이들은 자신이 알고 있는 성질을 정확히 사용할 수 있게 되고, 아래 문제와 같이 더블직각삼각형과 굉장히 유사한 도형을 봤을 때 '직각이 2개가 아니기 때문에 우리가 배운 공식을 쓸 수 없다'는 것까지 파악합니다.

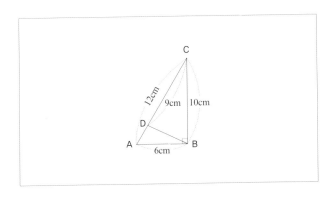

아래 그림은 다른 그림인데요.

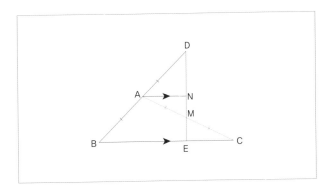

이것 역시 두 변 중심이라고 해서 2학년 2학기 닮음 단원에 나오는 개념입니다. 이 그림에 나오는 성질과 공식을 사용하려면 두 직선이 평행해야 하고, 선분 AM과 선분 CM의 길이가 같아야 합니다. 그래서 공식을 사용하면 결국 BC의 길이는 AN의 길이의 3배가 된다는 결론에 이르게 됩니다.

아이들에게 정답인 이 그림을 완벽히 습득하게 하면 아래의 왼쪽 그림과 같은 문제를 풀 수 있게 됩니다.

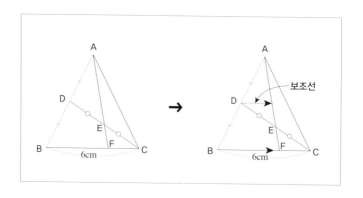

왼쪽 그림을 처음에 보면 잘 모르지만, 완벽한 두 변 중심의 그림을 알고 있으면 여기에 보조선 하나가 모자라다는 것을 알게 됩니다. 그러면 오른쪽 그림처럼 비어 있는 보조선을 세우게 되고, 문제를 쉽게 풀게 됩니다.

말하자면 우리가 시중에 있는 모든 문제를 다 풀 수는 없으니 그 문제들이 물어보는 그림을 정확히 알고 있다면 마치 틀린 그림

찾기 하듯 정답이 되는 그림과 문제 속 그림을 비교하면서 문제를 풀 수 있게 됩니다.

하나의 그림 외우기에서 시작된
성공 경험이 학습 동기를 끌어올립니다

아이들은 기하를 공부할 때 그 그림이 써야 하는 맥락(성질과 그림들이 사용될 수 있는 정확한 조건)에 대해서 간과하는 경우가 많습니다. 처음에는 그런 부분이 한두 군데겠지만 점점 쌓이면 어떤 문제의 도형을 봤을 때 그 그림에 필요한 정보를 머릿속에서 꺼내는 것조차 어려워질 수 있습니다. 그렇기 때문에 기하 실력을 올리려면 문제를 풀기 위한 소스, 그러니까 개념에서 배웠던 어떤 성질에 대한 그림들을 조건까지 포함해서 완벽히 외워야 합니다.

처음에 한두 개의 그림을 외우는 게 어려워서 그렇지, 한두 개의 그림을 확실하게 머릿속에 외워두면 그것을 응용하는 문제까지 풀 수 있습니다. 물론 그림을 완벽히 외워도 보조선이 한눈에 보이지 않겠지만, 기본적으로 기하를 어려워하고 그 어려움을 어떻게 해결해야 하는지에 대한 방향이 고민될 때 정답 그림을 외우는 것부터 시작하면 도움이 됩니다. 즉 보이지도 않는 보조선에 대해 막연히 고민하는 것보다 확실히 진행 성과가 보이기 때문에 자녀들이 더 큰 동기 부여를 얻을 수 있습니다.

　제가 가장 좋아하는 이론인 승자효과에 따르면 그림을 확실하게 외워서 작은 기하 문제를 푸는 것에 성공하면 좀 더 어려운 문제에 도전할 수 있는 용기가 생깁니다. 그렇게 몇 번의 성공을 경험하면 어느 새 아이들은 기하 문제에 친숙해져 있으리라 확신합니다.

2학년 2학기에 피타고라스를 모두 배워야 합니다

수업을 하다 보니 중등수학 과정 중 기하 영역에서 문제점이 발견되었습니다.

무슨 말이냐면, 교육과정이 개편되기 전 3학년 2학기 과정에는 피타고라스 정리와 관련된 단원이 2파트로 나뉘어서 들어가 있었습니다. '피타고라스 정리'와 '피타고라스 정리의 활용'이죠. 그런데 교육과정이 개편되면서 피타고라스 정리 파트만 2학년 2학기 과정으로 옮겨지고, 피타고라스 정리의 활용 파트는 아예 빠졌습니다. 그런데 피타고라스의 정리 파트를 배우려면 무리수를 알아야 하는데, 무리수는 3학년 1학기 과정에 있습니다. 게다가 피타고라스 정리 파트는 2학년 2학기 과정의 '삼각형의 성질' 단원 안으로 들어갔습니다. 3학년 1학기 과정의 4분의 1에 해당하던 파트가 2학년 2학기 과정 중 한 단원의 일부분으로 들어간 것입니다.

그럼, 필요한 내용이 다 들어간 걸까요? 아까 봤듯이 50% 정도만 들어갔습니다. 그러니까 피타고라스 정리 파트의 50%는 배울 수 없게 된 것이죠.

배울 내용이 줄어서 좋을까요? 아닙니다. 빠진 50%의 내용은 개편된 3학년 2학기 과정에 나옵니다. 개편된 3학년 2학기 과정은 '삼각비' 단원이 제일 먼저 나와요. 왜냐하면 기존에 있던 피타고라스의 정리 파트를 2학년 2학기 과정에 넣어서 3학년 2학기 과정은 단원을 줄였기 때문입니다. 그런데 여기서 문제가 생깁니다. 삼각비 단원의 처음에 다음의 그림이 나오는데요.

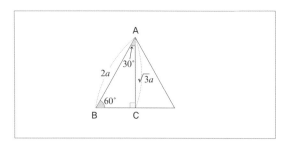

이것은 특수각이라고 해서 피타고라스의 정리 파트에서 배웁니다. 그것도 앞서 말씀 드린, 빠진 50%에 나오는 내용입니다. 원래 3학년 2학기 과정에 있던 한 단원을 절반 만 2학년 2학기 과정으로 내렸는데, 3학년 2학기 과정을 시작하려고 보니까 나머지 반이 필요하게 된 것입니다. 그러니 바뀐 교과 과정을 접한 선생님들과 아이들이 모 두 당황할 수밖에요.

그럼 저와 같은 선생님들은 이 문제점을 어떻게 해결하고 있을까요? 다 가르칩니다. 그러니까 개편 전 3학년 2학기 과정에 있던 피타고라스 정리의 활용 파트를 포함한 그 한 단원을 다 가르치고 있습니다. 그 부분을 안 배우면 삼각비 단원이 너무 어려워 지기 때문이죠. 그렇게 되면 부담을 줄이려고 3학년 2학기 과정에서 한 단원을 빼서 2학년 2학기 과정으로 내린 조치가 아무 도움이 안 된 것이나 다름없습니다. 정작 현 실에서는 그 부분까지 다시 배울 수밖에 없으니까요.

그러니 자녀가 3학년 2학기 과정에서 힘들어하거나 고민하면 시스템의 문제임을 감 안해 이해해주시면 좋겠습니다.

06

대수는 대수끼리,
기하는 기하끼리
배우는 계통수학 활용법

계통수학이라는 말을 들어보셨나요? 이미 잘 알고 계신 분도 있겠지만, 낯설어하시는 분도 있을 것 같습니다. 그러나 자녀가 중등수학 공부를 시작하면 알고 계시는 게 여러모로 유익하기 때문에 계통수학이 무엇이며 어떤 장단점이 있는지, 어떻게 쓰면 더 도움이 될지에 대해 이야기하겠습니다.

계통수학이란 같은 계통끼리 묶어서 배우는 학습 방식입니다. 앞에서 설명했듯 중등수학은 1학기엔 방정식, 문자와 식, 함수처럼 주로 숫자로 이루어진 대수 영역을 배우고, 2학기에는 삼각형, 사각형, 기본도형, 평면도형 등 도형을 다루는 기하 영역을 배웁니다. 3년 동안 학기마다 대수, 기하, 대수, 기하, 대수, 기하 식으로 번갈아 배우는 것이죠. 그런데 계통수학은 이 순서대로 배우지 않고 대수 단원들을 묶어서 배우고, 기하 단원들을 묶어서 배웁니다. 즉 같은 계통의 단원들을 모아서 배우는 것을 계통수학이라고 합니다. 세부적으로 보면 함수로 묶거나 방정식으로 묶어서 배우는 것이지만, 큰 틀에서 볼 때 대수끼리 기하끼리 묶은 것입니다.

그러면 계통수학을 하는 이유는 무엇일까요? 여러 가지 이유가 있지만, 가장 큰 이유는 진도를 빨리 나갈 수 있기 때문입니다. 1학년 1학기, 1학년 2학기, 2학년 1학기 순으로 선행을 하면 3과정이 필요하지만, 1학기끼리 2학기끼리 내용을 묶어서 배우면 2과정이면 됩니다. 그리고 유형이 같은 단원들을 모아서 배우기 때문에 왠지 진도가 빨리 나가는 것 같은 느낌이 듭니다. 그래서 선행을 할 때 계통수학을 하는 학원들이 많습니다.

선행학습엔 적당하지 않습니다

하지만 저는 처음 선행학습을 하는 단원에서는 계통수학을 권하지 않습니다. 그 이유는 두 가지입니다.

첫 번째 이유는, 이론상으로는 계통수학이 맞는 것 같은데 실제로 문제집을 풀다 보면 약간의 애로사항이 있기 때문입니다.

예를 들면, 1학년 2학기에 '합동'을 배우고 2학년 2학기에 '경우의 수'를 배웁니다. 경우의 수는 확률이나, 주사위 던지기 혹은 동전 던지기처럼 어떤 일이 일어날 수 있는 경우의 가짓수를 말합니다. 그런데 만약 2학년 1학기 과정을 배우고 2학년 2학기 과정을 안 배운 채 3학년 1학기 과정을 배우면 풀 수 없는 문제들이 많습니다. 3학년 1학기 문제집을 보면 2학년 2학기에 배우는 경우의 수를 반영한 문제들이 있거든요. 혹은 2학년 1학기에 배우는 함수를 반영한 문제가 2학년 2학기에 나올 수 있어요. 당연한 일이겠죠? 중학교 3학년 1학기 문제집이면 앞의 네 학기 과정을 다 배웠다는 전제하에 구성이 되니까요.

그러니 계통수학으로 선행을 하면 문제집에서 못 푸는 문제들을 발견했을 때 '이 문제가 내가 안 배운 단원에서 나온 문제라 안 풀리는 것인지, 내 실력이 부족해서인지'를 구분하지 못할 수 있어요. 사실은 그 내용을 배우지 않아서 못 푸는 것인데 말이죠. 그렇게 해서 점수가 낮으면 아이의 자존감도 낮아질 수 있기 때문에 저는 개인적으로 선행을 처음 할 때는 계통수학을 추천하지 않습니다.

두 번째 이유는, 계통수학을 배우면 학원을 옮기거나 다른 과정을 배울 때 진도를 맞추는 데 어려움이 있기 때문입니다.

예를 들면 1학년 1학기 과정을 하고 1학년 2학기 과정을 하고 2학년 1학기 과정을 하다가 학원을 옮기면 그 부분부터 하면 되는

데, 1학기 계통수학을 하고 학원을 옮긴 경우에는 별도로 배우지 않은 2학기 과정들을 따로 보강해야 합니다.

그래서 저는 수업 진도 자체는 학년별 과정에 따르지만, 그 안에서 계통수학을 합니다. 예를 들면 1학년 1학기에 정비례 반비례, 2학년 1학기에 일차함수, 3학년 1학기에 이차함수가 나오는데 만약 3학년 1학기 과정 중 이차함수를 수업할 때면 정비례 반비례에 대해 설명한 뒤에 이차함수를 시작합니다. 교사인 제 입장에서 이 아이가 얼마나 알고 있는지 모르니 앞에 있는 내용들 중에서 중요한 내용을 다시 설명하는 것입니다. 그러면 아이들은 마치 계통수학을 하는 것처럼 느낄 수 있어요. 물론 이렇게 하는 것이 번거롭지만, 이차함수 앞에 있는 두 과정을 건너뛸 수 없어 선택한 방법입니다. 물론 학습 효과는 좋습니다.

지나온 과정을 정리하는 데 효과적입니다

그럼에도 불구하고 계통수학이 정말 큰 힘을 발휘할 때가 있습니다. 배운 과정을 정리할 때입니다.

우리가 중등수학 과정을 다 배웠다고 칩시다. 혹은 고등수학 과정에서 수학-상이나 수학-하를 배웠다면 한 번씩 정리할 필요가 있습니다. 그럴 때는 이미 배운 내용들이기 때문에 1학기 내용끼리, 2학기 내용끼리 정리하면 내가 배운 내용들이 어떤 의미를 가지는지 한 번에 쭉 정리할 수 있습니다. 이런 점에서, 배운 과정을 정리할 때 계통수학을 활용하면 효과가 꽤 좋습니다. 물론 사람마다 차이가 있겠지만 제가 교재를 직접 풀려보니 아무것도 안 배운 상태에서 계통수학으로 시작하면 아이들이 어려워하지만, 이미 배운 과정을 계통별로 정리하면 훨씬 이해가 빨랐습니다.

부모님의 급한 마음은 압니다. 해야 할 과정은 많고 시간은 적으니 선행을 빨리 끝내면 좋겠다는 마음으로 계통수학을 고려하시겠지만, 계통수학은 앞으로 가는 과정이 아니라 지나온 과정을 정리할 때 활용하는 것이 조금 더 튼튼하게 수학 실력을 기르는 방법입니다.

07

중등수학 문제집의
선택과 활용 방법

학원 교재 외에 중등수학 문제집은 어떤 것을 선택하면 좋을까를 고민하는 부모님들이 참 많습니다. 서점에 가면 종류가 너무 많아서 고르기가 쉽지 않고 우리 아이 수준을 정확히 모르니 문제집을 선택하기가 더 망설여질 거예요. 그런 분들을 위해 어떤 문제집을 풀면 좋을지 난이도별로 정리해 소개합니다.

중등수학 문제집은 크게 3단계, 즉 기본-심화-최심화로 구분합니다. 어떤 곳에서는 기본-응용-심화로도 구분합니다. 단계를 나누는 기준이 조금 다르지만, 난이도별로 문제집을 구분해서 보면 지금 내 아이에게 필요한 문제집은 무엇인지 짐작될 것입니다.

기본 문제집 선택법

기본 문제집은 처음 그 과정을 배울 때 푸는 문제집입니다. 그래서 많이 어렵지는 않습니다.

대치동 학원들이나 저희가 수업하는 기본 교재는 〈개념플러스유형-파워〉입니다. '개념'과 '유형'으로 책이 나뉘어 있는데, 개념 문제집은 조금 쉽고 유형 문제집은 좀 더 어렵기 때문에 난이도 조절을 할 수 있는 장점이 있습니다.

이 문제집이 좀 쉽다, 할 만하다 싶으면 〈쎈〉을 같이 하는 것 정도까지는 큰 범주에서는 기본이라고 봐도 될 것 같습니다. 〈쎈〉도 B스텝은 할 만하고, C스텝은 약간 어렵지만 아이에 따라 C스텝에서 어려운 부분까지 기본 과정에서 소화하는 경우도 있습니다.

요약하면, 〈개념플러스유형-파워〉를 기본으로 〈쎈〉까지 하는 것이 기본 단계 문제집의 범위라 할 수 있습니다. 〈쎈〉을 응용 과정이라고 보는 분도 있는데, 기본보다는 조금 어려운 과정이라서 그렇게 보시는 것 같습니다.

심화 문제집 선택법

심화 과정에서 쓰는 교재는 많은데요. 가장 많이 쓰는 심화 문제집은 〈최고득점 수학〉과 〈최고수준〉입니다.

저는 기본 과정에서는 할 수 있다면 〈쎈〉을 병행하고요. 심화 과정에서는 〈최고수준〉, 〈최고득점 수학〉에 〈일품 수학〉을 추가하는 정도로 진행합니다. 즉 역량이 있는 아이들은 심화 과정을 할 때 부교재로 〈일품 수학〉을 합니다. 만약 아이가 〈일품 수학〉을 풀면 진도를 조금 더 나갑니다. 그러니까 최심화 과정으로 넘어가기보다는 진도를 좀 더 나가는 거죠. 그래서 그 과정이 익숙해지고, 적어도 중학교 1학년 1학기 과정과 1학년 2학기 과정을 배우고 진도상 2학년 1학기 과정을 나가는 정도 즈음이 되면 1학년 1학기 과정의 최심화 문제집을 시도해보는 것은 괜찮다고 봅니다.

최심화 문제집 선택법

최심화 문제집은 〈최상위 수학〉, 〈에이급 수학〉, 〈블랙라벨〉을 많이 씁니다. 이 문제집들은 뒤로 갈수록 문제 풀기가 쉽지 않기 때문에 한꺼번에 소화하겠다고 결심을 하면 아이도 부모도 힘들어집니다. 하지만 아이가 어떤 문제집이든 끝까지 풀고 싶다고 하면 도전해보셔도 됩니다.

이때 중간 단계까지는 풀어서 정리해놓고, 제일 어려운 단계는 너무 어렵다 싶으면 잠시 미뤄뒀다가 나중에 진도를 나간 뒤에 풀 수 있겠다 싶을 때 다시 푸는 식으로 채우면 됩니다. 즉 아이의 역량에 맞춰서 조절합니다.

특히 3학년 1학기 과정의 경우에는 고등학교 수학-상과 연결되어 있기 때문에 최심화 문제집의 제일 어려운 단원은 고등학교 수학을 가져다 쓰는 문제들이 많습니다. 그러니 그 부분에서 어려워한다고 해서 아이의 실력을 의심할 필요는 없습니다.

이 중에서 〈블랙라벨〉은 내신 준비 교재로 많이 쓰이고, 〈에이급 수학〉은 선행을 할 때 경시대회 바로 직전에 어려운 문제를 경험하고 싶을 때 쓰는 교재 중 하나입니다. 물론 이 외에도 〈하이레벨〉, 〈수학의 신〉 등 문제집들은 많아요. 그럼에도 불구하고 저는 이 정도 라인업이면 아이들의 실력 향상에는 전혀 문제가 없을 것으로 생각합니다.

중등수학 문제집 라인업

기본 문제집: 〈개념플러스유형-파워〉로 중심을 잡고 〈쎈〉을 추가합니다.

심화 문제집: 〈최고수준〉이나 〈최고득점 수학〉의 문제들을 풀고 나서 괜찮다 싶으면 〈일품 수학〉을 추가합니다. 〈일품 수학〉을 다 풀면 최심화 문제집으로 넘어가지 않고 조금 더 진도를 나갑니다.

최심화 문제집: 진짜 어려운 문제를 풀어보고 싶다면 〈최상위 수학〉, 〈에이급 수학〉, 〈블랙라벨〉을 풉니다. 이때 중간 단계까지 풀고, 가장 어려운 단계는 잠시 미뤄뒀다가 진도를 다 나간 뒤에 풀어도 괜찮습니다.

제가 접해보지 못한 문제집들이 많겠지만, 앞에서 말씀드린 문제집들을 쓰다가 숙련이 되면 아이의 기호에 맞춰서 한두 개를 더 병행하는 것이 가장 안전한 방법이 아닐까 싶습니다.

물론 여기서는 연산 문제집은 제외했습니다. 연산 문제집은 난이도 차이가 크지 않으니 편하게 디자인되고 자녀가 좋아할 만한 문제집을 선택해도 상관없습니다.

기본 문제집과 심화 문제집을
같이 하면 안 되는 이유

수학에서 한 과정을 공부할 때 기본 문제집을 1단원부터 6단원까지 쭉 하고 심화 문제집을 1단원부터 6단원까지 하는 게 좋은지, 기본 1단원-심화 1단원, 기본 2단원-심화 2단원 식으로 하는 게 좋은지를 많이 물어보십니다. 저는 부모님들께서 그 질문을 하시면 듣자마자 단호하게 말씀을 드립니다. 기본 문제집을 1단원부터 6단원까지 쭉 하고 나서 심화 문제집을 1단원부터 6단원까지 쭉 하는 것이 훨씬 효과적이라고요. 만약 그렇게 하지 않으면 같은 과정을 두 번 공부한 효과가 나지 않을 수 있다고요.

그런데 일부 선생님들은 기본 1단원-심화 1단원, 기본 2단원-

심화 2단원 식으로 단원을 쪼개서 수업을 합니다. 그 이유는 진도를 빠르게 나가기 위함입니다. 기본 문제집으로 어떤 내용인지 배웠으니 그 내용을 잊기 전에 심화 문제집으로 실력을 다지면 더 빠르게 진도를 나갈 수 있을 것 같다는 믿음 때문입니다. 상식적으로 생각하면 이 주장에는 허점이 없습니다. 어떻게든 두 문제집 모두 풀기 때문입니다.

정보가 너무 많으면 오히려 정보를 받아들이지 못합니다

하지만 저는 이렇게 하는 것을 반대합니다. 그 이유는 대부분의 경우 뒤에 배치된 단원들이 어렵기 때문입니다.

예를 들어 3학년 1학기 과정의 경우 뒷부분에 이차방정식과 이차함수가 나오는데, 기본 문제집을 처음부터 끝까지 배우면서 쉬운 단원부터 어려운 단원까지 경험하면 아이들은 '3학년 1학기 과정의 난이도가 이 정도구나' 혹은 '이런 것들을 배우는구나'라고 느낍니다. 그런 다음에 심화 문제집을 풀면 전체 내용에서 지금 내가 어디쯤 배우고 있는지를 인지할 수 있습니다.

그런데 기본 1단원-심화 1단원, 기본 2단원-심화 2단원 식으로 공부하면 전체 과정을 이해하기 어렵고, 뒤에 등장하는 어려운 단원은 더 어려워합니다. 당연하겠죠. 한 번에 기본 문제를 풀고 바로 이어 심화 문제를 푸니까요. 그렇게 아이들이 한 번에 받아들일 수 있는 정보의 양 이상으로 정보를 제공하면 오히려 두 번 공부한 효과가 전혀 나지 않는 것은 물론 나중에 그 과정을 다시 공부하게 될 수 있습니다. 실제로 그 과정의 문제집을 두 권이나 풀었음에도 불구하고 나중에 기억을 못 하는 아이들을 너무 많이 봤습니다.

솔직히 이 방법은 상황이 급박하기 때문에 어쩔 수 없이 하게 되는 차선책인데요. 차선책은 차선책일 뿐입니다. 그럴 바엔 차라리 기본 교재를 조금 난이도 있는 문제집으로 정해서 끝까지 푸는 것을 추천합니다. 그래야 멀쩡한 기본 조각 위에 그다음 조각을 안정적으로 얹을 수 있습니다.

인터넷 강의(인강), 이렇게 활용하세요

요즘 인터넷 강의(인강)를 활용하는 부모님들이 많습니다. 자녀를 학원에 보내면서 별도로 인강을 듣게 하는 경우도 있고, 자녀의 자기주도학습 능력을 키워주기 위해 인강을 활용하는 경우도 있습니다. 그런데 인강의 끝이 창대한 경우는 드문 것 같습니다. 스마트 기기를 이용해서 강의를 듣기 때문에 아이들이 처음엔 신나게 수강을 하다가 스마트 기기를 공부하는 데만 써야 한다는 사실을 깨달으면 금세 흥미를 잃어버리거든요. 그래서 계약 기간의 절반도 채우지 못하고 해지하는 경우가 많습니다.

비록 성공 확률은 낮지만 인강으로 내 아이의 자기주도학습 능력을 키워주고 싶다면 몇 가지 사항을 주의해야 합니다.

● **인강의 성공 확률은 낮습니다:** '우리 아이는 다른 아이들과 다를 거야'라고 믿고 싶으시겠지만 아이들의 흥미는 그리 오래 가지 않습니다. 그러니 무조건 1강부터 듣게 하기보다는 '전체 내용 중에서 아이에게 필요한 부분 2~3개만이라도 확실히 듣게 하겠다'고 결심해야 합니다.

● **한 번에 듣는 강의 수를 적절히 조절합니다:** '인강은 4일 만에 완성하기' 식으로 무리하게 계획을 잡는 경우가 많은데, 그렇게 하면 아이가 하루만 듣고 다음날부터 인강을 거부할 수 있습니다. 그러니 인강 수강 시간을 하루 1시간 이하로 잡고, 강의 클립이 30~40분인 것을 고려해 하루에 1~2개 정도의 강의만 듣게 합니다.

- **인강 외의 요소는 루틴화합니다:** 시간과 장소가 정해진 수업에 비해서 인강은 의지력이 많이 필요합니다. 그래서 그 외의 요소들로 향하는 에너지를 최소화해서 인강에 의지력과 에너지를 최대한 집중할 수 있게 해야 합니다. 그러려면 인강 외의 요소들을 최대한 루틴화하는 것이 중요합니다. 루틴은 가족들이 공유하면 더 지속력을 높일 수 있습니다.
- **강의가 끝나면 필기를 꼭 점검합니다:** 아이들은 인강을 예능 프로그램 보듯 눈으로만 보는 경향이 있습니다. 그러면 학습 효과가 좋지 않습니다. 그렇기 때문에 필기를 기준으로 강의에 얼마나 충실했는지를 확인해야 합니다. 필기는 그 어떤 눈도 속이기 어렵습니다.
- **친구와 함께 수강하면서 점검하면 더 좋습니다:** 인강은 혼자 듣는 경우가 많은데 그럴수록 실패 확률이 올라가지만, 같은 과정이 필요한 친구와 함께 듣게 하면 학습 효과가 더 좋아집니다. 실제로 공무원 시험이나 고시 공부를 할 때 온라인 스터디 그룹을 만들고 출석 체크나 벌금 등의 제도를 활용하는 사람들이 많다는 건 혼자 애쓰는 것보다는 다수의 힘을 활용할 때 더 효과가 있다는 것입니다.

애매하게 많이 듣는다고 해서 학습 효과가 좋아지지 않습니다. 정해진 분량을 완성도 있게 마무리하도록 옆에서 도와주세요.

중학교 1학년을 위한
수학 공부법

자녀가 초등학교 고학년이 되면 중학교 입학에 대해 걱정하고 불안해하는 부모님들이 많은 것 같습니다. 교우관계나 학교생활 적응도 걱정되지만, 무엇보다 초등학교 때보다 어려워지는 공부를 자녀가 잘 받아들일지를 더 걱정하지요.

여러 과목 중에서도 수학은 가장 걱정이 많은 과목으로 알고 있습니다. 그런데 크게 걱정하지 않아도 될 것이, 중학교 1학년은 이제 막 중학생이 된 것을 고려해서 아주 어려운 내용을 배우지는 않습니다. 그러니 각 단원별로 특성을 알고 그에 맞게 공부한다면 중등수학을 공부하는 데 무리는 없을 것입니다.

〈개념플러스유형-파워〉를 기준으로 했을 때 1단원은 '소인수분해'입니다. 소인수분해, 최대공약수, 최소공배수 이야기가 나오지만 어렵지 않습니다.

2단원은 '정수와 유리수'로, 초등학교 과정에서 연산 실력을 탄탄히 쌓지 않았다면 이 단원에서 막혀 다음 과정을 진행하는 데 어려움을 겪을 수 있습니다. 그래서 정수와 유리수의 연산 연습을 충분히 해야 합니다. 특히 음수(−)가 나오면서 계산이 복잡해지는 경향이 있는데, 충분히 연습하는 것이 유일한 해결책입니다.

3단원 '문자와 식'은 본격적으로 x, y를 대입해서 식을 연습하는 과정입니다. 정수와 유리수가 완전히 학습되지 않았다면 이 단원을 익히는 것이 어려우니 음수를 포함한 연산이 잘되는지를 확인하고, 잘된다고 판단되면 그다음부터는 문자를 대입해서 연습합니다. 수학은 결국 숫자와 문자의 결합입니다. 이 언어를 이해하지 못하면 그다음 과정까지 어려움을 겪을 수 있으니 충분히 연습해야 합니다.

4단원은 '일차방정식'으로, 3단원에서 배운 것을 실제 문제에 대입해서 식을 수립하고 답을 찾는 과정입니다. 문자와 식 단원을 완전히 익혔다면 이 단원의 문제 풀이는 어려울 것이 없지만, '방정식의 활용'은 다른 영역인 만큼 무조건 다양한 영역의 문제들을 경험하고 유형별 풀이법을 익히는 것이 중요합니다.

문제를 풀 때는 한 번에 한두 가지 유형만 선택해서 완벽한 풀이법을 학습하는 것이 중요합니다. 일정한 기간을 두고 방정식의 활용 유형들을 하나씩 격파하는 마음으로 공부하면 1~2개월 내에 기본 유형들은 모두 학습할 수 있습니다. 이렇게 '일차방정식의 활용'이 해결되면 2학년 1학기 과정의 '연립방정식의 활용' 문제들은 자연스럽게 해결되니 이번엔 꼭 해결한다는 생각으로 공부해야 합니다.

5단원은 '그래프의 해석'입니다. 2학년 1학기 과정에서 배울 함수를 미리 익히기 위한 단원으로 x축, y축, 순서쌍, 원점 등 그래프의 기본 요소는 물론 그래프를 이해하는 방법까지 학습합니다. 이 단원은 매우 쉽기 때문에 가볍게 넘어갈 수 있습니다.

6단원은 '정비례와 반비례'입니다. 이 부분 역시 일차함수 전에 배우는 과정이라고 생각하면 됩니다. 정비례는 x값에 따라 y값이 일정하게 변화할 수 있다는 것을 이해하는 것이 중요합니다. x값이 증가한다고 해서 반드시 y값이 증가하는 것이 아니라 변화하는 것입니다.

반비례에서는 $y=\frac{12}{x}$ 의 경우 (1,12)도 가능하지만 (-1,-12)도 가능하기 때문에 그래프가 2개가 나올 수 있다는 것을 이해할 수 있어야 합니다. 이렇게 기본적인 정비례, 반비례 그래프의 성질을 이해한다면 나머지 부분들은 대입만 하면 되기 때문에 크게 어렵지 않습니다.

◆ 학습 포인트 ◆

연산에 해당하는 단원인 '정수와 유리수', '문자와 식'을 잘 숙지하고 이를 토대로 '일차방정식 풀이'와 '일차방정식 활용'의 유형들을 이해하고 파악하는 것이 중요합니다.
일차방정식을 어려워하는 것은 자연스러운 현상입니다. 그런데 그 어려움이 문자와 식 연산이 안 되어서 어려운 것인지, 연산은 잘되는데 x값 등 문자를 대입하는 것이 어려운 것인지, 아니면 방정식의 활용에서 특정 유형이 약한 것인지 등 그 원인을 구분해야 합니다. 원인을 구분한 뒤에 적절히 대처하면 나머지 단원들은 어렵지 않게 진행할 수 있습니다.

1학년 2학기 과정의 단원별 공부법

〈개념플러스유형-파워〉를 기준으로 했을 때 1단원은 '기본도형'입니다. 이 단원은 중학생이 되어서 처음 도형을 배운다는 느낌으로 구성되어 있습니다. 그래서 기본이 되는 직선, 반직선, 선분의 성질, 동위각, 엇각의 의미와 성질에 대해 배웁니다. 이미 초등학교에서 배운 부분도 있기 때문에 어렵지 않게 공부할 수 있습니다.

2단원 '작도와 합동'은 중요하고 어려운 단원입니다. 삼각형의 합동은 두 도형의 크기와 모양이 똑같다는 의미입니다. 이를 위한 합동 조건은 3가지(SSS, SAS, ASA)이며, 문제를 풀 때는 딱 봐도 똑같아 보이는 두 도형을 이 합동 조건에 맞춰 하나씩 분석하는 과정이 필요합니다. 합동 조건을 확인하는 것은 2학년 2학기 과정에서도 다시 사용되기 때문에 정말 중요합니다. 그러니 이 단원에서는 단순히 답을 구하는 것보다 합동 조건을 꼼꼼히 하나씩 증명하는 것을 중점적으로 학습해야 합니다.

작도는 동위각, 엇각, 수직이등분선, 삼등분선 등 기본적으로 사용되는 작도들을 처음부터 손으로 깔끔하게 그릴 수 있을 만큼 연습해야 합니다.

3단원 '다각형'에서는 삼각형, 사각형의 각의 성질과 대각선, 그리고 내각과 외각의 합에 대해서 배웁니다. 전체적으로 익숙한 도형들에 대해 배우기 때문에 크게 어렵지 않지만, 이 중에서 외각의 성질(한 외각의 크기는 이웃하지 않는 다른 두 내각의 합과 같다)은 나중에도 많이 사용되는 중요한 공식이기 때문에 반드시 익히고 넘어가야 합니다.

4단원 '원과 부채꼴'에서는 원의 넓이와 둘레, 그 안에서 만들어지는 부채꼴의 여러 가지 변형 도형에 대한 넓이와 길이를 구하는 내용들이 등장합니다. 이 부분은 계산이 많고 문제 유형이 매우 다양하기 때문에 아이들이 어려워하고 실제로 오답이 많은 편입니다. 도형에 대한 감이 중요하니 연산을 하는 느낌으로 하나씩 유형에 대해 숙지해야 합니다.

특히 부채꼴의 넓이와 호의 길이를 구하는 문제는 3학년 2학기 과정의 '원'이나 2학년 2학기 과정의 '피타고라스 정리' 단원에서 활용되기 때문에 확실하게 숙지해야 합니다.

5단원 '다면체와 회전체'에서는 삼각기둥, 사각기둥 혹은 원뿔, 원기둥 등 입체도형에 관한 내용을 학습합니다. 앞에서 원과 부채꼴 단원의 계산이 숙달되었다면 크게 어렵지 않을 것입니다.

6단원 '입체도형'은 겉넓이와 부피에 대한 2학기 과정의 마지막

관문입니다. 겉넓이와 부피는 원과 부채꼴보다 계산 과정이 더 많고 복잡하며, 활용할 수 있는 유형들이 다양하기 때문에 결과를 틀리는 경우가 많습니다. 그래서 아이들은 이 단원을 어렵다기보다 귀찮다고 생각합니다. 그래도 시험에서는 1학년 2학기 과정에서 변별력을 내야 할 때 비교적 쉬운 이 단원에서 어려운 문제를 낼 확률이 가장 높으니 귀찮더라도 연습해야 합니다.

7단원은 '통계'입니다. 1학년 통계는 개념이 어렵지는 않은데 계산이 번거로워서 아이들이 싫어하는 편입니다. 그럴 땐 통계가 현실에서 어떻게 쓰이는지를 설명해주면 학습 동기가 생길 수 있습니다. 예를 들어, 공장에서 계약서를 작성할 때 조건을 결정하는 등(불량률 1% 발생 시 계약금 조절 등) 실생활에서 가장 많이 사용된다는 점을 설명해주는 것입니다.

1학년 '통계'에서 가장 중요한 것은 상대도수의 개념을 이해하는 것입니다. 상대도수의 목표는 3명 중 1등과 300명 중 1등의 차이를 구분하기 위해 만들어졌습니다. 그래서 전체 집단을 똑같이 1로 두고, $\frac{(해당 도수)}{(전체 도수)}$로 표현함으로써 소수로 집단의 크기가 다른 두 그룹을 서로 비교할 수 있다는 개념을 이해해야 합니다.

◆ 학습 포인트 ◆

아이들은 1학년 2학기 과정을 1학기 과정보다 한결 쉽다고 생각합니다. 점, 선, 면 등의 기본도형을 설명하고 풀이 과정을 상세히 쓰지만 않으면 상대적으로 쉽게 할 수 있기 때문입니다. 그런데 평면도형의 '작도와 합동' 단원은 문제마다 합동 조건을 하나씩 다 활용하는 연습을 하는 것이 매우 중요합니다. 2학년 2학기 과정을 배울 때 광범위하게 많이 쓰이기 때문입니다. 그래서 두 도형이 한눈에 합동 같아 보여도 왜 그렇게 되는지 일일이 확인해야 합니다.

'원과 부채꼴'에서 부채꼴의 넓이와 호의 길이를 구하는 문제 역시 3학년 2학기 과정의 '원'이나 2학년 2학기 과정의 '피타고라스 정리' 단원에서 활용되기 때문에 확실하게 배워야 합니다. 이 외에는 시간적으로 여유가 있으니 1학년 1학기 과정에서 어려웠던 부분을 보충하는 시간으로 활용하면 좋습니다.

중학교 2학년을 위한
수학 공부법

2학년 과정부터는 본격적인 중등수학이 시작됩니다. 그래서 중등수학 2학년 과정은 1학년 과정에 비해 체감 난이도가 높고 공부할 내용이 많아서 공부를 포기하는 아이들이 생겨납니다.

2학년 1학기 과정의 대수 영역은 고등수학을 위한 연립방정식, 부등식, 일차함수의 토대이기 때문에 최대한 집중해서 배워야 합니다. 2학년 2학기 과정에서는 '닮음' 단원이 어렵고, '피타고라스 정리' 단원이 3학년 2학기 과정에서 이동해오면서 학습량이 늘어나 부담이 큰 만큼 단단히 준비하고 익혀야 합니다.

2학년 1학기 과정의 단원별 공부법

〈개념플러스유형-파워〉를 기준으로 했을 때 1단원은 '유리수와 순환소수'입니다. 2학년에 들어서면 본격적으로 중등수학이 시작되지만 1단원부터 어려울 수는 없겠죠? 그래서 유리수의 분류와 순환소수를 분수로 변환하는 내용이 1단원에 등장합니다. 순환마디의 영역을 잘 구할 수 있다면 부담이 없는 단원입니다.

2단원은 '식의 계산'으로 2학년 1학기 과정의 전반부에서 가장 중요한 단원입니다. 3학년 1학기 과정에서 배울 곱셈공식을 활용해 문자를 다루는 연습을 다양하게 많이 하는 것이 좋습니다. 곱셈공식은 초등학교의 구구단과 비슷한 역할을 하는 만큼 언제 어디서든 정확한 답을 낼 수 있을 정도로 완벽히 숙달해야 합니다.

지수법칙은 합, 차, 곱, 분배 등 원칙을 숙지하고 단위를 잘 계산하는 것이 중요합니다. 단·다항식의 계산에서 지수법칙부터 막혀서 어려움을 경험하는 경우가 많거든요.

3단원은 '일차부등식'입니다. 개편 전 교육과정에서는 연립부등식이라는 이름으로 연립방정식 다음에 나왔는데, 지금은 일차부등식이라는 이름으로 연립방정식 앞에서 배웁니다. 그런데 기본적으로 A=B라는 등식을 바탕으로 하는 방정식보다 A≧B, A>B,

A<B, A≦B 이렇게 경우의 수가 4배나 되기 때문에 문제가 더 어렵습니다.

그래서 저는 가능하면 4단원 연립방정식을 먼저 하고 3단원을 풀게 하는 편입니다. 할 수 있다면 그렇게 하는 것도 중요합니다. 부등식에서는 해의 개수와 영역을 표시하는 것이 어려운데, 그런 문제들을 풀 때는 해당 영역의 경계점 수들을 하나씩 대입하면서 답을 찾아야 합니다.

부등식의 활용 역시 1학년 1학기 방정식의 활용의 연장이라서 함께 익히는 느낌으로 공부하면 좋겠습니다.

4단원은 '연립방정식'으로, 식이 2개이고 문자가 2개인 방정식을 푸는 방법을 다룹니다. 방정식의 활용 파트라 1학년 1학기 과정의 일차방정식의 활용과 문제 유형이 완전히 동일합니다. 그래서 1학년 1학기 일차방정식의 활용에서 어려움을 겪었다면 이 단원에서도 어려움을 겪을 수 있습니다. 그렇다면 이번 과정에서 최선을 다해 두 가지 모두를 해결해야 합니다.

5단원은 '일차함수'입니다. 1학년 1학기 과정에서 '정비례 반비례'를 했다면, 2학년 1학기 과정에서 본격적으로 일차함수에 대해 배웁니다. 식 $y=ax+b$에서 기울기 a와 y축 평행이동 b의 역할에 대해 배우는데, 일차함수는 단원의 특성상 a, b의 역할을 구분하는 것이 가장 중요합니다. 그 역할이 이해되면 가장 쉽게 익힐 수 있는 단원이기도 합니다.

하지만 일차함수 단원을 방정식의 활용처럼 유형을 숙지해서 외우겠다고 생각하면 정말 어려울 수 있습니다. 기본적으로 두 가지 기호의 역할 차이를 이해하고, 문제의 조건이 a를 물어보는 것인지 b를 물어보는 것인지를 구분하는 것이 중요합니다.

◆ 학습 포인트 ◆

앞부분에 나오는 문자와 식 단원을 이해하는 것이 가장 중요한데, 그러려면 반드시 곱셈공식을 숙지해야 합니다. 사실 곱셈공식은 3학년 1학기 과정에서 배우지만, 곱셈공식만 2학년 1학기 과정을 공부할 때 충분히 연습한다면 2학년 1학기 과정과 3학년 1학기 과정을 모두 수월하게 배울 수 있습니다.

일차부등식의 경우에는 이상과 초과가 다르기 때문에, 이 둘을 구분하지 않으면 1 차이로 오답이 되는 경우가 많으니 이상과 초과를 확실하게 구분해야 합니다.

일차함수는 나중에도 정말 많이 등장하기 때문에 함수의 의미와 변수 a, b의 역할을 꼭 이해해야 합니다.

2학년 2학기 과정의 단원별 공부법

〈개념플러스유형-파워〉를 기준으로 했을 때 1단원은 '삼각형'으로 이등변삼각형, 외심과 내심의 정의와 성질에 대해서 배웁니다. 여기에서 가장 중요한 것은 정의, 성질, 조건을 구분하는 것입니다. 심지어 이등변삼각형 부분에서는 성질과 조건에 모두 '두 밑각의 크기가 같다'가 있는데, 같은 문장이지만 의미가 다를 수 있음을 알아야 합니다.

즉 이등변삼각형의 성질은 이 도형이 이등변삼각형이라는 것을 알고 증명을 시작하는 것이고, 이등변삼각형의 조건은 일반 삼각형이 이등변삼각형이 되기 위한 조건입니다. 즉 성질과 조건을 증명하는 방향이 완전히 다르다는 것을 이해해야 합니다.

그리고 3학년 2학기 과정에 있던 '피타고라스 정리'가 옮겨와서 학습량이 매우 많습니다. '피타고라스 정리'는 전체 내용 중 50%만 옮겨왔기 때문에 내용 자체가 어렵지 않지만 '유클리드의 증명' 부분은 등적변형과 1학년 2학기 과정 중 '합동'이 모두 등장해서 어려울 수 있으니 신경 써서 공부해야 합니다.

2단원은 '사각형'으로 평행사변형과 직사각형, 마름모, 등변사다리꼴 등 여러 가지 사각형의 정의와 성질, 조건에 대해 배웁니다. 삼각형의 성질과 조건을 숙지했다면 사각형의 성질을 이해하는 것은 크게 어렵지 않습니다. 그런데 사각형의 종류가 많기 때문에 각각의 성질과 조건을 모두 숙지하려면 학습량이 많을 수 있으나, 아주 어렵지는 않습니다.

3단원에서는 '닮음', '평행선 성질', '닮음의 활용'을 배웁니다. 닮음은 2학년 2학기 과정에서 가장 어려운 단원으로, 아이들이 기하를 싫어하게 되는 결정적인 단원이라고 볼 수 있습니다.

닮음 단원에서 가장 중요한 것은 성질에 대한 그림을 암기하는 것입니다. 성질을 나타내는 그림, 즉 정답을 정확히 암기해야 문제에서 안 보여지는 보조선을 그릴 수 있는 눈이 생깁니다. 게다가 문제에서 닮음의 어떤 성질을 쓰느냐가 중요하기 때문에 반드시 정확한 그림을 외워야 합니다. 이 단원은 아이들이 어려워하니 성취도가 높지 않아도 이해해주세요.

4단원은 '경우의 수와 확률'입니다. 이 단원은 예전에 배웠던, 주사위를 던지면 나오는 가짓수를 찾는 과정입니다. 기본적으로 셈을 세는 부분이라서 개념이 아주 중요한 단원은 아닙니다. 하지만 유독 경우의 수와 확률에 약한 아이들이 있으니 자녀의 특성을 확인해서 어떻게 이 단원을 학습할지를 결정하세요.

이번 학기부터는 본격적으로 중학교 기하를 배우는데, 1학년 2학기 과정에서 배운 합동을 기반으로 다양한 증명을 합니다. 이때 가장 중요한 것은 합동 과정을 하나씩 증명하는 것으로, 각 문제 속 합동 조건을 찾는 것이 핵심입니다. '닮음' 단원에서도 두 도형이 왜 닮음인지를 닮음 조건을 사용해 증명해야 하는데, 그 과정을 하나씩 확인해야 합니다. 합동 조건이나 닮음 조건을 찾지 않아도 문제의 답을 구할 수 있는 경우들이 있지만 그때 증명하지 않으면 나중에 처음부터 다시 해야 할 수 있으니, 각 합동 조건을 증명하는 연습을 꼭 하기를 추천합니다.

3학년 2학기 과정에 있었던 '피타고라스 정리' 단원이 옮겨오면서 중등수학 과정 중 배우는 양이 제일 많은 시기입니다. 그래서 아이들이 어려워하는데, 어려운 내용도 있고 학습량도 많은 만큼 격려를 많이 해주시면 좋겠습니다.

중학교 3학년을 위한
수학 공부법

중학교 3학년은 고등수학 과정의 입문편이라고 할 수 있습니다. 그래서 2학년 과정과 비슷하지만 내용이 조금 더 어려워졌다고 이해하면 됩니다. 2학년 과정이 충분히 숙지되어 있다면 3학년 과정은 상대적으로 수월하게 넘어갈 수 있습니다.

하지만 고등수학과 직접적으로 연계되는 과정이니 집중해서 학습하면 좋습니다.

3학년 1학기 과정의 단원별 공부법

〈개념플러스유형-파워〉를 기준으로 했을 때 1단원은 '제곱근과 연산'입니다. 처음 등장하는 개념이기 때문에 생소할 수 있지만, 연산을 하기 위한 기호를 배우는 정도의 난이도이기 때문에 크게 어렵지는 않습니다. 다만 그중에서 a의 범위에 따라 a 혹은 $-a$가 되는 제곱근의 성질과 유리화하는 방법에 유의해야 합니다.

2단원은 '다항식의 곱셈'인데, 2학년 1학기 과정에 있었던 곱셈공식이 새로운 교육과정 개편에 의해 3학년 1학기 과정으로 옮겨온 단원입니다. 무엇보다 곱셈공식을 확실하게 외우고 곱셈공식의 연습을 통해 식에 문자가 있는 단·다항식의 연산을 정확하게 하는 것이 중요합니다. 이것은 마치 초등수학에서의 구구단과 같아서 완벽하게 숙지하지 않으면 중등수학 3학년 1학기 과정과 고등수학 과정에서 반드시 어려움을 겪게 됩니다. 완벽하게 외울 수 있도록 확인해주세요.

3단원은 '인수분해'입니다. 인수분해에는 중요한 인수분해 공식이 있는데, 그것은 곱셈공식을 거꾸로 하면 됩니다. 그렇기 때문에 2단원에서 배운 곱셈공식이 얼마만큼 숙지되었는지에 따라 인수분해의 성취도가 결정됩니다. 곱셈공식을 확실하게 숙지했다면 인수분해는 크게 어렵지 않습니다.

4단원은 '이차방정식'입니다. 이차방정식은 인수분해를 바탕으로 x의 해를 구하는 과정입니다. 이차방정식에서 가장 중요한 부분은 근의 공식을 유도하는 것입니다. 아이들이 근의 공식 결과를 외우고, 유도하지 못하는 경우들이 많습니다. 근의 공식 유도는 이차방정식의 판별식과 근과 계수와의 관계에서도 활용되는 부분이 있기 때문에 확실하게 점검해야 합니다.

5단원은 '이차함수'입니다. 이차함수에서는 표준형 $y=a(x-p)^2+q$에서 a, p, q의 역할을 이해해야 합니다. 2학년 1학기 과정에서 일차함수 $y=ax+b$의 a는 모양(기울기), b는 y축(위아래) 평행이동의 정도를 결정한다는 것을 구분하는 것처럼, 이차함수에서는 a가 모양(볼록한 정도), p가 x축(좌우) 평행이동, q가 y축(위아래) 평행이동의 정도를 결정한다는 것을 구분하고 이해해야 합니다. 또한 일반형 $y=ax^2+bx+c$에서 표준형 $y=a(x-p)^2+q$으로 완전제곱식 방법을 활용해서 변환하는 방법을 확인하면 좋습니다.

고등수학 과정과 밀접하게 연관되는 단원은 '인수분해', '이차방정식', '이차 함수'입니다. '인수분해' 단원에서는 곱셈공식과 인수분해공식을 완벽히 숙지해서 문자를 다루는 법을 이해해야 하고, '이차방정식' 단원에서는 근의 공식 유도와 활용법을 확인해야 합니다. 또한 '이차함수' 단원에서는 변수 a, p, g의 의미를 이해하고 적용하는 것이 중요합니다. 1학기 과정은 완성도를 꼼꼼하게 확인하며 학습하면 좋습니다.

3학년 2학기 과정의 단원별 공부법

〈개념플러스유형-파워〉를 기준으로 했을 때 1단원은 '삼각비'입니다. 개편 전 교육과정에서는 3학년 2학기 과정의 1단원이 '피타고라스 정리'였습니다. 그런데 교육과정이 개편되면서 피타고라스 정리 단원이 2학년 2학기 과정으로 이동하고, 3학년 2학기 과정은 삼각비로 시작하게 되었습니다.

삼각비 단원을 학습하려면 2학년 2학기 과정에서 배운 피타고라스 정리가 확실하게 숙지되어 있어야 합니다. 그것만으로도 부족하다면, 교육과정이 개편되기 전에 출간된 3학년 2학기 수학 문제집을 구해서 피타고라스 단원을 공부한 뒤에 삼각비 단원을 공부하면 효과적입니다.

삼각비 단원의 내용은 많지 않지만 어렵게 느껴질 수 있습니다. 기본 문제들은 대부분 피타고라스의 정리에서 특수각을 활용한 형태로 나오기 때문에 자녀가 삼각비 단원을 어려워한다고 해서 좌절할 필요는 없습니다.

2단원은 '원의 성질'입니다. 원의 성질은 3학년 2학기 과정에서 내용이 가장 많고 아이들이 가장 어렵다고 느끼는 단원입니다. 실제로는 현의 성질, 원주각의 성질, 접현각의 성질 등 내용이 아주 어렵지는 않지만 문제를 보았을 때 원의 많은 내용 중에서 어느 성질을 대입해서 문제를 풀어야 하는지 감을 잡기 어려운 경우가 많습니다. 그래서 선생님들도 단원평가 문제를 내고 스스로 풀어 볼 때 이 단원을 가장 어렵게 느낍니다.

이러한 점을 해결하기 위해서는 2학년 2학기 과정의 닮음 단원을 학습할 때처럼 원의 성질을 표현하는 그림을 하나씩 외우는 것이 좋습니다. 내용이 많은 만큼 하나씩 점검하며 공부해야 합니다. 그렇게 하지 않으면 나중에 내용들이 섞여서 더 어려울 수 있습니다.

3단원은 '통계'입니다. 2학년 2학기 과정의 '경우의 수와 확률' 단원과 마찬가지로 내용이 아주 어렵지는 않고, 계산 위주의 문제들이 많습니다. 개념은 산포도와 분산을 구하는 방법과 의미에 대해 이해하면 좋습니다. 산포도는 자료가 퍼져 있는 정도를 말하며, 산포도가 고르다는 것은 '고만고만하다' 혹은 '비슷비슷하다'라고 이해하면 됩니다. 자료의 개별적인 변량들이 평균에 모여 있으면 자료들은 비슷비슷해지면서 산포도가 낮아지고, 반대로 평균과 멀리 떨어져 있는 자료들이 많으면 비슷한 자료가 적어지기 때문에 산포도가 높다고 할 수 있습니다. 이를 제외하고는 분산을 구하는 방법을 숙지하고, 각 자료들을 해석하면서 문제의 의도에 맞는 답을 도출해야 합니다. 통계 단원은 일반적으로 계산이 번거롭지만 내용이 어렵지는 않습니다.

마지막의 상관관계는 교과과정이 바뀌면서 새롭게 추가된 내용인데, 양의 상관관계는 우상향 모양이고 음의 상관관계는 우하향 모양이라는 것을 이해하면 됩니다.

◆ 학습 포인트 ◆

3학년 2학기 과정은 고등학교 1학년 수학-상을 학습하는 데 직접적으로 필요하지는 않아서 이 과정을 건너뛰고 고등수학 과정의 진도를 나가는 경우도 많습니다. 그렇지만 1학기마다 배우는 대수 영역은 고등수학 과정을 공부하면서 보충할 수 있는 기회가 있지만, 2학기마다 배우는 기하 영역은 고등학교에 가면 더 배우지 않아서 보충할 기회가 없으니 배울 때 확실히 배워야 합니다. 특히 '삼각비' 단원은 나중에 삼각함수로 이어질 수 있기 때문에 유의해서 학습하면 좋겠습니다.

헷갈리는 수학 개념 확실히 정리하기

중등수학에서 꼭 알아야 하는 수학 개념이 몇 가지 있습니다. 확실히 알고 넘어가야 이후 과정에서 헤매지 않으니 자녀가 어려워하면 아래 내용을 이야기해주세요.

일차함수 $y=ax+b$에서 a, b의 역할

많은 아이들이 함수를 어려워하는데, 함수에서 등장하는 변수 a, b의 역할을 정확히 구분하면 비교적 쉬워집니다.

일차함수 $y=ax+b$의 그래프 모양은 직선입니다. 여기에서 a는 그래프의 모양을 결정합니다. 모양이란 직선의 각도를 말하며, 수학에서는 기울기라고 합니다. 기울기는 $\frac{(y의\ 증가량)}{(x의\ 증가량)}$으로 표현할 수 있습니다.

기울기 1과 기울기 2의 차이를 구분하는 것이 가장 중요합니다. 기울기 1은 x가 1 증가할 때 y가 1 증가하는 것으로, 정사각형 모양의 기울기만큼 증가합니다. 그런데 기울기가 2로 변하면 x가 1 증가할 때 y가 2 증가하므로 똑같은 x 증가분에 대한 y 증가량이 2배가 되어 더 급격하게 증가합니다. 그래서 기울기가 가팔라집니다. 이렇게 a는 기울기에 따른 그래프의 모양을 결정합니다.

일차함수 $y=ax+b$에서 b는 그래프를 위아래로 평행이동하는 역할을 합니다. a가 그래프의 모양을 결정한다면 b는 만들어진 그래프의 적절한 위치를 결정한다고 생각해도 됩니다.

이렇게 a와 b의 역할이 서로 다르다는 것을 이해하면 평행일 경우에는 그래프의 모양인 a가 같고 b가 다르다는 것을 이해할 수 있습니다. 그리고 일치하는 경우에는 모양과 이동이 동일하기 때문에 a, b가 모두 같다고 할 수 있습니다.

도형 단원에서 정의, 성질, 조건의 차이

2학년 2학기 과정의 '도형의 성질' 단원에서 가장 중요한 것은 정의, 성질, 조건의 차이를 구분하는 것입니다. 이등변삼각형의 경우 '두 밑각의 크기가 같다'는 이등변삼각형의 성질이면서 조건입니다. 즉 성질과 조건이 같은 문장입니다.

'정의'는 사회적 약속입니다. '이등변삼각형은 두 변의 길이가 같은 삼각형이다. 그것은 그렇게 부르기로 하자'는 사회적 약속 말입니다. 그리고 '성질'은 두 변의 길이가 같은 이등변삼각형이 되면 반드시 갖게 되는 특징입니다. 그렇기 때문에 성질은 이 도형이 이등변삼각형임을 알고 있는 것이 전제입니다. '조건'은 이 도형이 현재는 이등변삼각형임을 모르는 상태에서 이등변삼각형임을 증명해야 하는 것입니다. 그래서 '두 변의 길이가 같다'가 결론에 해당할 수 있습니다. 이처럼 같은 문장이라도 성질이냐 조건이냐에 따라서 그 의미와 증명 과정이 완전히 달라질 수 있습니다.

인수분해와 이차방정식의 차이

중학교 3학년 1학기 과정에 나오는 인수분해와 이차방정식도 아이들이 많이 오해하는 부분 중 하나입니다. 인수분해와 이차방정식 모두 ax^2+bx+c를 가지고 있지만 인수분해와 달리 이차방정식은 뒤에 $=0$을 가지고 있습니다. 인수분해는 $=0$이 없기 때문에 식을 묶는 것까지만 할 수 있습니다. 반면 이차방정식은 $=0$이 있으면 등식이 되기 때문에 양변을 같은 수로 나누거나 곱할 수 있습니다. 그렇게 해서 원하는 x의 값, 즉 해를 구할 수 있습니다.

그래서 인수분해와 이차방정식의 결정적인 차이는 해를 구할 수 있는가 없는가입니다. 그런 관점에서 인수분해는 이차방정식의 해를 구하기 위한 기본 작업을 도와준다고 이해해도 좋습니다.

판별식에 따른 근(해)의 개수

중학교 3학년 1학기 과정에서 학생들이 가장 어려워하는 단원 중 하나가 '이차방정식'입니다. 그중에서 판별식의 부호에 따라 왜 근의 개수가 차이가 나는지 이해해야 하는 부분이 있습니다. 이차방정식의 기본 식을 $ax^2+bx+c=0$이라 할 때 근의 공식에 의거해 x의 값을 구하면 $x=\dfrac{-b\pm\sqrt{b^2-4ac}}{2a}$로 표현할 수 있습니다. 이 중에서 판별식 $D=b^2-4ac$의 부호로 근의 개수를 확인할 수 있습니다.

$D>0$이면, 루트 안의 수가 양수(+)이기 때문에 양수(+) 근 1개, 음수(−) 근 1개, 이렇게 해서 2개가 발생합니다.

$D=0$이면, 루트 안의 수가 0이 됩니다. 그렇게 되면 $x=\dfrac{-b\pm\sqrt{0}}{2a}$이 되어서 근이 $x=\dfrac{-b}{2a}$ 1개만 발생합니다. 그런데 주의할 점은 근이 1개가 아니고 2개인데 똑같기 때문에 1개라고 부릅니다. 그래서 이를 중복되는 근이라 해서 중근(重根)이라고 부릅니다.

마지막으로 $D<0$이면, 루트 안의 수가 음수인데 이는 중학교에서 배우는 제곱근의 정의에 위배됩니다(고등수학 과정에서는 허수가 나와서 계산이 가능합니다). 그래서 근이 존재할 수 없기 때문에 0개입니다.

이렇듯 판별식의 내용을 확실하게 알기 위해서는 근의 공식을 유도하는 과정을 이해해야 합니다.

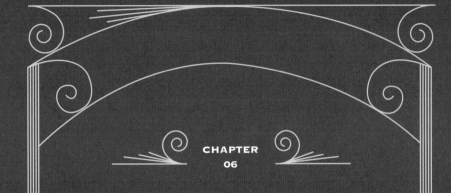

CHAPTER
06

시험에 강해지면
수학이 재미있어집니다

: 실수 줄이는 오답노트 만들기 & 많틀수 확실히 잡기

수학 개념은 잘 잡혀 있는데 시험을 보면 평소 실력이 나오지 않는 아이들을 종종 봅니다. 이번 장에서는 오답노트 작성 등 시험에 강해지는 비결은 물론 많틀수(많이 틀리는 수학 문제)에 대한 올바른 풀이까지 자세히 알려드립니다.

01

×

포스트잇 필기로 누리는
3가지 효과

아이들에게 문제를 풀어오라고 하면 답만 써오는 경우가 꽤 있습니다. 그런데 답만 써오면 스스로 처음부터 끝까지 풀어서 나온 답인지 확인하기 어렵습니다. 그래서 풀이를 쓰라고 시키는데 잘 안되는 경우가 많아서 고민하다가 드디어 방법을 찾았습니다. 그 방법을 적용한 결과 문제 풀이 실력이 비약적으로 향상되는 효과까지 거두었습니다.

그 방법은 간단합니다. 수업 시간에 포스트잇을 필기용으로 쓰는 것입니다. 포스트잇을 아이들에게 주면서 선생님이 칠판에 판서한 모든 내용을 받아 적으라 하고, 그것을 문제집에 붙이게 했습

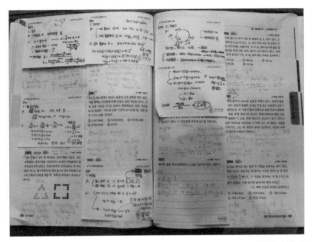

포스트잇 필기의 예

니다. 정말 간단하죠?

그저 포스트잇에 선생님의 풀이를 써서 해당 문제에 붙이게 했을 뿐인데, 세 가지 큰 효과가 일어났습니다.

문제 풀이 실력이 향상됩니다

아이가 문제의 답을 맞힌다 하더라도 선생님의 풀이만큼 풀이가 정교하지 않은데, 선생님의 풀이를 따라 씀으로써 문제 풀이 실력을 늘릴 수 있습니다.

여기서 핵심은, 자기가 맞힌 문제까지도 선생님의 필기를 다 적

게 하는 것입니다. 맞힌 문제까지 풀이를 써야 하느냐는 반발이 있
을 수 있습니다. 그럴 땐 "모르는 문제라고 생각하고 선생님의 모
든 문제 풀이를 포스트잇에 적어서 문제집에 붙이는 게 문제 풀이
실력을 비약적으로 향상시키는 방법"이라고 꼭 이야기해주세요.

필기 여부를 체크할 수 있습니다

아이들에겐 필기 노트가 있지만 나중에 보면 이게 대체 어떤 문
제집의 몇 쪽 몇 번 문제에 대한 필기인지 잘 모를 때가 있습니다.
물론 꼼꼼한 아이라면 어디에 나온 문제인지까지 깔끔하게 정리
하겠지만, 대부분의 아이들은 풀이 노트에 풀이는 왕창 있는데 이
게 어떤 문제의 풀이인지 모르는 경우가 많습니다.

하지만 포스트잇에 필기를 해서 해당 문제 위에 붙이면 풀이 현
황을 바로바로 점검할 수 있고, 빠뜨리는 것 없이 필기를 잘 보관
할 수 있습니다.

공부 의욕이 늘어납니다

문제집을 펼쳤는데 포스트잇이 덕지덕지 붙은 문제들이 꽤 있

다면 아이 입장에서는 '내가 노력을 했구나', '노력한 티가 나는구나'라는 생각이 들면서 공부 의욕이 더 커집니다.

제 주변에도 그런 일이 있었습니다. 필기를 매우 싫어한 한 아이에게 선생님의 필기를 포스트잇에 써서 붙이라고 했더니 처음에는 하기 싫은 티를 팍팍 내면서 하다가 결국 열심히 필기하게 되었습니다. 그 아이가 한 말이 있습니다.

"한 단원이 끝나고 두 단원이 끝나고 문제집을 펼쳐서 보면 무언가로 채워져 있는 느낌이 들어요. 저는 그 느낌을 계속 간직하고 싶어서 필기를 더 열심히 해요."

이 일이 있은 후로 저는 교실에 포스트잇을 여러 개 두고 아이들에게 필기용으로 맘껏 쓰라고 합니다. 처음엔 효과를 못 느끼던 아이들도 3개월 이상 지속하면 어느 순간 성과가 나옵니다. 특히 선생님의 풀이 방식이 아이들의 문제 풀이 안에 녹아들지요.

필자의 학습센터에서 사용하는 포스트잇

이처럼 제대로 된 풀이를 포스트잇에 적어서 붙여두면 점검하기가 좋고 공부한 티도 나고 풀이 과정을 제대로 익히는 등 여러 가지 효과가 납니다.

그러니 포스트잇을 자녀의 가방마다 넣어주세요. 학교 가방, 학원 가방 등 가방마다 넣어주고 생각이 날 때마다 꺼내서 필기를 해서 교재에 붙이게 하면 그 결과물이 사라지지 않기 때문에 여러모로 효과를 거두게 될 것입니다.

02

시험 대비용
오답노트 만드는 방법

오답노트는 중간고사, 기말고사 준비와도 밀접한 연관이 있기 때문에 꼭 마련해야 합니다. 그러나 오답노트를 만드는 것은 필요성만큼이나 하기 어려운 작업입니다. 손이 많이 가는 것은 물론이고, 그 효과가 얼마나 되는지 확신하기 어렵기 때문입니다. 제가 만난 아이들 중에는 의지력을 발휘해 오답노트를 만들었는데 큰 효과를 거두지 못한 경우도 있었거든요. 저는 안타까운 마음에 오랜 시간 동안 오답노트의 필요성과 효과적으로 만드는 방법에 대해 고민을 했고, 이제는 결론을 내렸습니다.

힌트 없이 문제를 다시 풀 수 있게 만듭니다

일단, 오답노트는 기본 수업이나 선행 수업을 하면서 일일이 만드는 것은 어렵지만 중간고사, 기말고사를 준비할 때는 반드시 필요합니다. 만드는 과정이 좀 번거로워서 꼭 만들라고 하기가 조심스럽지만, 어쩔 수 없습니다. 해야 할 것은 꼭 해야 합니다.

오답노트는 '문제를 깨끗한 상태로 반복해서 풀 수 있도록' 만드는 것이 가장 중요합니다.

오답노트의 가장 일반적인 형태는 노트의 윗부분에 문제가 있고, 그 옆이나 아래에 정성들여 적은 풀이가 있습니다. 아이들이 일일이 적은 것이죠. 이 문제들은 나중에 필요할 때 다시 풀어보게 됩니다. 여기에서 가장 큰 문제는 문제를 다시 풀 때 예전에 했던 풀이를 본다는 것입니다. 그러면 자기가 완벽히 풀지 못하는데 그 문제를 풀 수 있다고 착각하게 됩니다. 이는 심화 문제집을 풀 때 힌트를 보고 풀고는 자기 힘으로 풀었다고 하는 것과 같습니다.

그래서 제가 고민 끝에 새로운 형태의 오답노트를 만들었습니다. 이 오답노트 역시 위에 문제가 적혀 있고 아래에 풀이가 적혀 있습니다(오답노트의 예 ①). 여기까지는 일반 오답노트와 동일하지만 큰 차이가 있습니다. 그것은, 문제를 한 번 풀고 나서 반절을 뒤로 접는다는 것입니다(오답노트의 예 ②). 그러면 문제만 보입니다. 이렇게 풀이는 보이지 않으면서 문제만 남기는 형태로 오답노트

오답노트의 예 ①

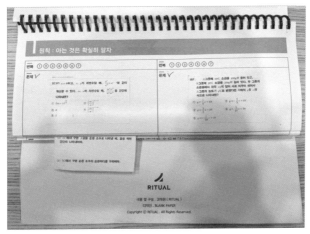

오답노트의 예 ②

를 제작하면 두 번째 풀 때 새로운 느낌 혹은 실전 느낌으로 문제를 풀 수 있습니다.

그렇다면 이 오답노트로 문제를 다시 풀면 결과는 어떨까요? 예상하셨겠지만, 좋지 않습니다. 이 오답노트에 있는 문제들 자체가 기본적으로 자기가 풀기 어려워서 붙인 문제들이기 때문에 두 번 푼다고 해서 풀 수 있게 되지는 않습니다.

제가 예전에 서울대학교 교육학과 출신 안동대학교 교수님과 그 자녀들을 대상으로 테스트를 했습니다. 그 교수님의 자녀들은 공부를 되게 잘했는데요. 4회 틀린 오답문제 30개를 모아서 다시 풀렸더니 4개를 틀리더라고요. 무려 4회나 풀었던 문제임에도 불구하고 말이죠. 그래서 아이들이 어려워하는 문제는 한두 번 더 풀린다고 해서 잘 풀 수 있는 건 아니라고 결론을 내렸습니다. 교수님의 자녀들은 결국 그 문제들을 7~8회씩 반복해서 풀었고, 그 결과 시험에서 자기가 아는 것은 다 맞혀서 좋은 성과를 거두었습니다.

이처럼 오답노트가 제 역할을 하려면 풀이를 가려야 합니다. 그래야 항상 새로운 마음으로 풀이에 도전할 수 있습니다.

참고로, 가운데에 있는 포인트 란에 이 문제를 푸는 데 있어 핵심이 되는 내용을 적어놓으면 나중에 이 문제를 기억할 때 큰 도움이 됩니다.

혹시 오답노트 양식을 만드는 게 번거로우시다면 제가 만든 양식을 활용하셔도 됩니다. 오답노트 양식은 책의 맨 뒤에 삽입되어 있으며, 블로그에서 다운받을 수도 있습니다(https://blog.naver.com/incoblue/221495852514). 만드는 과정이 조금 번거롭지만 반드시 효과가 있으니 꼭 도전해보시면 좋겠습니다.

같은 문제집을 한 권 더 사서 오답노트를 대신합니다

오답노트를 만드는 대신 오답노트 역할을 할 문제집을 한 권 더 사서 풀어도 효과가 좋습니다. 오답노트의 효과가 좋다는 것은 알지만 직접 문제를 적어서 옮기면 매우 번거롭습니다. 그렇다고 원래 풀었던 문제집을 오려서 오답노트를 만들면 문제를 푼 흔적들이 힌트가 되어 오답노트의 역할을 하기 어렵습니다.

그래서 저는 같은 문제집을 두 권 살 것을 추천합니다. 그중 한 권은 편하게 풀어서 틀린 문제들을 고쳐봅니다. 그 결과 쉽게 고쳐지는 문제는 그냥 두고, 거기서 해결이 안 되는 문제는 두 번째 문제집에 표시를 한 다음에 그것을 잘라서 노트에 붙여 오답노트를 만드는 것입니다. 그러면 문제를 직접 쓰는 것보다 훨씬 간편하고, 풀이의 흔적이 없기 때문에 깔끔합니다. 간혹 앞뒤 페이지에 오답노트에 붙여야 할 문제들이 겹치는 경우가 생기는데, 그 문제만 손으로 써넣으면 됩니다.

제가 아이들의 오답노트를 만들어보니까 실력이 괜찮은 아이들

기준으로 한 과정이 끝나면 오답 문제가 대략 50개 정도 나옵니다. 그래서 저는 부모님들께 "이 50개의 문제들을 건지기 위해 이 문제집을 풀었다"고 이야기합니다. 이 50개의 문제가 담긴 오답노트를 가지고 있으면 나중에 언제라도 자신의 약점을 보완할 수 있는 든든한 무기를 가진 셈입니다.

물론 이 방법은 책값이 2배로 들지만, 오답노트가 쌓일수록 내신을 준비하거나 추후에 복습할 때 정말 큰 힘이 됩니다.

03

교재에 있는 문제로
단원평가를 치르면 생기는 일

수업 도중에 단원평가를 치르는 일이 종종 있습니다. 보통은 단원평가가 일반적인 문제들로 구성되고, 그 과정이 일상적이라서 크게 신경 쓰시지 않겠지만, 단원평가가 어떤 문제들로 구성되는지는 매우 중요합니다.

저는 수업 교재와 동일한 문제로 단원평가를 구성합니다. 다만 수업 교재에서 가장 어려운 문제들로 구성하되 객관식이었던 문제는 주관식으로 만듭니다. 저는 통상 16개의 문제들로 단원평가를 보는데요. 1문항에 6.25점인데, 풀이를 쓰지 않고 답만 쓰면 1점을 주고, 풀이까지 모두 써야 6.25점을 주고 있습니다.

진짜 실력을 눈으로 확인할 수 있습니다

제가 수업 교재 속 문제들로 단원평가를 보는 이유는 아이들의 진짜 실력을 파악하고, 동시에 다른 핑계를 못 대게 하기 위해서입니다. 백지개념테스트를 해보면 알 수 있듯이, 아이들은 개념에 대한 설명을 들으면 다 안다고 생각하는데 막상 백지에 쓰라고 하면 쓰지 못하는 경우가 허다합니다. 이해의 완성도가 낮기 때문입니다. 문제 풀이 역시 그렇습니다. 아이들은 문제를 한번 풀고 나면 그 문제를 익혔다고 생각하지만, 깨끗한 상태로 다시 풀게 하면 그만큼 풀지 못합니다.

그래서 고민 끝에 만든 것이 '같은 문제 단원평가'입니다. 수업 교재의 모든 문제를 시험 범위로 정하고 그중에서 가장 어려운 문제들을 단원평가 문제로 출제함으로써 아이들의 진짜 실력을 확인하는 것이죠. 이렇게 단원평가를 치르면 아이들은 난감해합니다. 이미 풀었던 문제를 틀린 것도 충격이지만, 단원평가 문제가 수업 교재에 있는 문제들이니 "새로운 문제라서 못 풀었다"라고 핑계를 댈 수 없기 때문입니다.

즉 '같은 문제 단원평가'는 본질적으로 성실도 평가에 가깝습니다. 다만 수업 교재에서 가장 어려운 문제들로 구성되었기 때문에 공부를 하지 않으면 높은 점수를 받기 어렵습니다.

집중력이 좋아지고 문제 풀이가 정교해집니다

말씀드렸듯이 아이들의 단원평가 결과는 좋지 않습니다. 아이들 스스로 같은 문제집을 두 번 풀어본 적이 없으니 자신의 문제 풀이 완성도가 어느 정도인지 모르는 상태에서 단원평가를 봤기 때문입니다. 그래서 이 과정을 몇 번 반복한 아이들은 단원평가를 볼 때마다 긴장을 합니다. 이건 못 보면 큰일 나는 일인 데다, 수업 교재의 해당 범위 문제들을 완벽히 풀 수 있으면 시험은 무조건 100점이라 어떤 문제도 소홀히 할 수 없기 때문이죠.

그리고 그제야 스스로 깨닫습니다. 문제 풀이를 처음부터 끝까지 깔끔하게 숙지하는 것이 매우 어려운 일이라는 것을요. 그래서 다음 수업에서 문제 풀이를 할 때 집중을 훨씬 더 잘하고 풀이를 정교하게 분석합니다.

저는 아이들이 ①배운 개념을 외워서 백지에 쓸 수 있고 ②수업 교재에 있는 모든 문제를 깔끔하게 풀며 ③그중에서 가장 어려운 문제들을 다시 풀 경우 완성도가 80% 정도라면 그 과정을 어느 정도 공부했다고 판단합니다.

만약 자녀의 현재 실력이 궁금하다면 풀었다고 하는 문제집을 열어서 그중에서 어려워 보이는 문제 몇 개를 다시 풀려보시면 좋겠습니다. 더 확실히 하려면 아예 그 문제집과 똑같은 문제집을 한 권 더 사서 깨끗한 상태로 풀려보시면 됩니다. 진실의 판도라 상자를 연 것과 같은 결과가 나올지라도 자녀의 현재 실력을 가장 정직한 상태로 들여다보는 것이 장기적으로는 큰 도움이 됩니다. 앞으로 보충할 수 있기 때문입니다.

정리하면, 수업에서 배운 문제로 단원평가를 보는 이유는 의도한 연습을 통해서 자신이 배운 교재를 숙지하기 위한 조치입니다. 그리고 선행학습을 하거나 다양한 문제집을 풀기 어려운 상황이라면 애매하게 두 권을 푸는 것보다 확실하게 한 권을 깔끔하게 푸는 것이 실력 향상에 더 도움이 됩니다. 이렇게 그때그때 학습의 완성도를 높이면 아이들이 앞으로 해야 할 공부의 범위를 줄여갈 수 있습니다.

내신 시험을 성공적으로 준비하는 비법 4단계

중학교 2학년부터는 중간고사와 기말고사를 모두 보기 때문에 효과적으로 내신을 준비하는 방법에 대해서 알아두면 조금 더 수월하게 시험을 준비할 수 있습니다. 내신 준비는 크게 4단계로 이루어집니다.

1단계: 기본 문제집 한 권을 풀어서 감을 살립니다

대부분의 학원에서는 선행학습 진도를 중심으로 수업하기 때문에 현행 진도를 소홀히 하는 경우가 많습니다. 그래서 시험 준비 모드로 돌아오기 위해 전체적인 감을 되찾는 작업을 해야 합니다. 기본 문제집 한 권을 푸는 것이 좋은 방법인데, 이때 가장 많이 푸는 문제집이 〈쎈〉의 B단계입니다. 사실 어떤 문제집으로 하든 상관이 없지만 대부분 〈쎈〉을 풀고, 학교의 시험 난이도가 높은 편이라 〈블랙라벨〉로 대체합니다.

그런데 아이들의 습득 상태에 따라 이 단계에서 시간이 많이 걸릴 수 있으니 미리 아이들의 실력을 점검해보는 것이 좋습니다. 기본 문제집의 시험범위에서 몇 개의 문제를 풀려보고 준비 상태가 괜찮으면 계획대로 하고, 문제를 푸는 데 버벅댄다 싶고 시간이 오래 걸릴 거 같으면 기본 문제집을 풀게 하면 됩니다.

2단계: 우리 학교와 타 학교의 기출문제를 많이 풀어봅니다

선행을 할 때는 기본 교재와 심화 교재 등 2권 정도만 풀고 넘어가는데요. 이것만으로는 내신을 준비하기가 좀 어렵습니다. 내신을 준비할 때는 다니는 학교와 다른 학교들의 기출문제를 풀어보면서 다양한 유형을 익혀야 합니다. 그러면 현행 내신 준비를 하면서 진짜 수학 실력이 완성됩니다.

그런데 순서 없이 모든 학교의 문제를 풀면 난이도가 달라서 당황할 수 있으니 난이도가 조금 어려운(단대부중, 대청중, 휘문중) 기출문제와, 중간 난이도(대왕중, 숙명여중, 진선여중)의 기출문제를 구분해서 풀어보는 것이 중요합니다.

학원에서 내주는 내신 대비 문제집으로 대신하기도 하는데, 학원에서 나누어주는 대부분의 내신 대비 문제집은 결국 기출문제 편집본으로, 반복되는 유형들을 걸러냈다고 생각하면 됩니다.

이 단계에서는 최대한 많은 유형을 경험하면서 실력을 키워야 하며, 오답노트를 만들어서 시험 직전에 활용하면 반드시 도움을 받을 수 있습니다.

3단계: 실제 기출문제로 모의고사를 봅니다

대부분의 경우 집에서 그냥 기출문제를 풀리는데, 그렇게만 하면 실전과 많이 다를 수 있습니다. 하다못해 답안지 쓰는 시간을 배정하지 못해서 실제 시험에서 답안지를 미처 작성하지 못하는 경우도 생깁니다. 그렇기 때문에 다른 학교의 기출문제로 모의고사를 풀면서 여러 가지 변수를 점검할 필요가 있습니다.

저는 아이들에게 시험을 칠 때 필요한 평균 시간을 각 항목별로 배당해두라고 조언합니다. 시험 문제는 대부분 23~24개이고, 객관식 문제 18~19개, 서술형 주관식 문제 4~5개로 구성되어 있습니다. 그래서 아이들에게 객관식 문제를 다 푸는 데 15분, 서술형 주관식 문제를 다 푸는 데 10분, 객관식 문제를 검토하는 데 5분, 주관식 문제를 검토하는 데 5분, 답지를 작성하는 데 5분, 예비 시간 5분을 할당하라고 합니다. 이렇게 항목별로 소요 시간을 정해 놓으면 내가 문제를 푸는 속도가 빠른지, 적정한지, 느린지의 기준을 세울 수 있거든요. 이때 스톱워치를 활용하면 수월합니다.

다양한 상황에 대비한 시간 배분과 환경 설계도 해야 합니다. 철저한 아이들은 시험 전에 초콜릿 바를 먹는 게 나은지, 초콜릿을 먹는 게 나은지, 우황청심환을 먹는지 나은지도 테스트합니다. 그렇게 여러 가지 테스트를 해서 내가 시험장에서 최적의 컨디션을 발휘할 수 있는 환경을 설계합니다. 이때도 오답노트를 만드는 건 필수입니다.

4단계: 마지막 일주일은 차분히 오답노트를 반복해 풉니다

대부분 이 단계를 건너뛰는 경우가 많습니다. 이 단계를 거치려면 1단계, 2단계, 3단계에서 오답노트를 만들어야 하거든요.

내신의 가장 중요한 원칙은 아는 것을 깔끔하게 맞히는 것입니다. 시험을 망쳤다는 것은 자기가 모르는 것을 틀렸다는 것이 아니라 아는 것을 틀리는 것을 의미합니다. 그래서 내가 그동안 풀었던 문제들, 즉 아는 것은 무조건 다 맞히겠다는 마음으로 마지막 일주일은 오답노트를 차분히 풀면서 점검해야 합니다. 이 기간에 새로운 것을 풀다가 모르는 것이 많이 나오면 심리적으로 위축될 수 있기 때문에 그동안 했던 노력들을 점검하면서 '이것은 내가 풀 수 있어'라는 자신감을 갖는 것이 정말 중요합니다.

이렇게 단계를 구분해서 연습하면 현재 무엇을 해야 하는지 알 수 있어서 마음이 안정되고, 그럴수록 좋은 성과를 낼 확률이 더 높아집니다. 그리고 이 방법은 한번 배워두면 다른 과목에도 적용할 수 있습니다. 그러니 자녀가 충분한 시간을 두고 차분히 연습할 수 있도록 옆에서 도와주시면 좋겠습니다. 이 방법은 행정고시, 변리사 시험 등 큰 시험을 준비하는 상위 학습자들도 즐겨 사용하는 방법입니다.

05

클리닉 수업을 통해 실력의 빈틈을 완벽히 메우는 방법

학원마다 다양한 클리닉 수업이 운영됩니다. 그런데 클리닉 수업을 통해 성공하는 경우도 많지만 실패하는 경우도 많습니다.

클리닉의 목적은 본 수업을 들으면서 생긴 실력의 빈틈을 메우는 것입니다. 그런데 클리닉에서 실패하는 가장 큰 이유가 바로 이 목적을 벗어나서라면 어떨까요?

선행학습은 학교에서 진행되는 학습 속도보다 빠르게 진행되기 때문에 반드시 실력에 빈틈이 생기게 되어 있습니다. 그 틈을 메울 목적으로 클리닉 수업을 선택하는 아이들이 많은데, 클리닉 수업을 시작하면 부모는 아이에게 꽤 섬세하게 신경을 써야 합니다. 아이의 입장에서는 본 수업도 힘든데 클리닉 수업까지 추가되어 수학 학원을 하나 더 다니는 느낌이 들 수 있기 때문입니다.

아이들이 이러한 부담감을 덜고 효과적으로 클리닉 수업을 받으려면 두 가지 원칙이 필요합니다.

본 수업과 같은 교재를 사용합니다

클리닉 수업이 필요한 아이들의 본 수업 교재를 보면 빈 곳이 많습니다. 내용을 제대로 소화하지 못했으니 그럴 수밖에 없지요. 그런 상태에서 부족함을 만회하고자 클리닉 수업에 쓰일 교재까지 더해지면 그 교재 역시 빈 곳이 많은 상태로 클리닉 수업이 끝날 수 있습니다. 이런 일이 생기지 않게 하려면 본 수업 교재를 클리닉 수업 교재로 쓰는 것이 좋습니다. 본 수업에서 해결하지 못한 문제들을 클리닉 수업에서 다시 풀고, 맞혔지만 약간 애매하게 아는 문제들도 다시 풀어보는 것입니다. 그러면 아이들이 느끼는 부담감이 확 줄어듭니다.

만약 과외로 클리닉 수업을 한다면 경험이 적더라도 꼼꼼하게 지도할 수 있는 선생님이 적합합니다. 큰 개념틀이 완성된 상태에서 문제 풀이를 보충하는 것이기 때문에 아이와 잘 맞고 꼼꼼히 지도하는 선생님이라면 만족스러운 성과를 기대할 수 있습니다.

오답 문제집을 활용합니다

대부분의 경우 본 수업에 사용한 교재는 문제 풀이로 어지럽혀져 있기 마련입니다. 클리닉 수업을 통해 그 교재를 모두 깔끔히 풀었다면 그다음에는 똑같은 문제집을 한 권 더 구입해서 오답 중에서 중요하다고 생각하는 문제들만 다시 천천히 풉니다. 어려운 문제들이라 처음엔 틀리겠지만, 여러 번 풀면 완성도를 높일 수 있습니다.

저도 정규반 수업을 진행하면서 보충이 필요한 상황을 대비해 주말과 평일에 클리닉 수업을 운영하고 있습니다. 초기에는 부족한 부분을 메운다는 클리닉 수업의 목적을 벗어나 본 수업보다 더 어려운 문제를 풀리거나 더 빠르게 선행을 진행해봤는데요. 그럴수록 아이들의 노력이 무색하게 성과가 안 나는 경우가 많았습니다. 그 이후로는 아이들의 상황을 충분히 이해하고 클리닉 수업이 필요한지 판단한 후에 앞서 말씀드린 두 가지 원칙을 지키면서 진행하고 있습니다. 이 원칙들을 잘 활용하셔서 자녀의 공부 지도에 도움이 되면 좋겠습니다.

06

많이 틀리는 수학 문제 1: '합동' 중 90° 같아서 90°로 찍는 문제의 올바른 풀이

아이들이 아주 많이 틀리는 문제들이 몇 가지 있습니다. 그중에서 '90°일 것 같아서 90°로 찍는' 문제가 있는데, 대표적인 문제 2개를 풀어보려고 합니다. 이것은 1학년 2학기 과정 중 '합동' 단원에 나오는 문제입니다.

합동이란?

합동이란 삼각형 2개가 똑같다는 말인데요. 조건은 크게 3가지

삼각형의 합동 조건

(S: 변, A: 각)

- SSS합동: 대응하는 세 변의 길이가 같다.

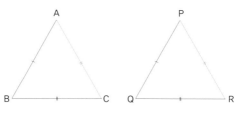

- SAS합동: 대응하는 두 변의 길이와 그것의 끼인각의 크기가 같다.

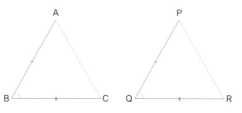

- ASA합동: 대응하는 한 변의 길이와 그것의 양끝 각의 크기가 같다.

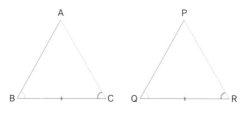

입니다. 변 3개가 같은 SSS합동, 변 2개가 같고 끼인각이 같은 SAS 합동, 그리고 한 변의 길이와 양끝 각의 크기가 같은 ASA합동이 있습니다. 이 성질을 이용해 문제를 풀어보겠습니다.

첫 번째 문제입니다. 이 문제는 쉬운 편에 속합니다

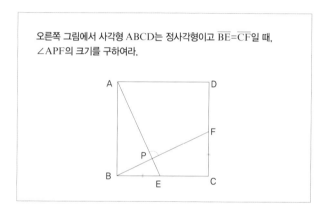

오른쪽 그림에서 사각형 ABCD는 정사각형이고 $\overline{BE}=\overline{CF}$일 때, ∠APF의 크기를 구하여라.

그림만 보면 90°도 같으니 아이들은 대부분 90°라고 합니다. 누 가 봐도 90°니까요. 정말 그럴까요?

일단, 삼각형 ABE(△ABE)와 삼각형 BCF(△BCF)는 SAS합동 입니다. 먼저 변 AB($\overline{AB}$)와 변 BC($\overline{BC}$)는 길이가 같습니다. 정사 각형이니까요. 그리고 각 B(∠B)와 각 C(∠C)는 90°로 같습니다. 그리고 변 BE($\overline{BE}$)와 변 CF($\overline{CF}$)가 같습니다. 왜냐하면 조건에서

같다고 했거든요. 이렇게 해서 SAS합동입니다.

△ABE≡△BCF (SAS합동)
$\overline{AB}=\overline{BC}$ (정사각형) : S
∠B=∠C=90˚ : A
$\overline{BE}=\overline{CF}$ (조건에서 같다고 함) : S

여기서 우리가 알 수 있는 건, 합동이면 대응각의 크기가 같다는 것입니다. 모양이 똑같으니까요. 그러면 각 BAE를 a라 하고, 각 AEB를 b라고 해보겠습니다.

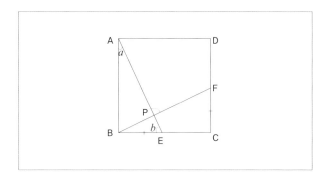

합동이기 때문에 맞은편에 있는 각도 a이고 b입니다.

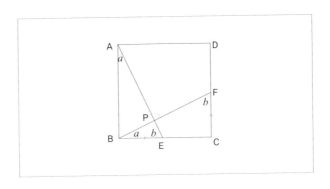

그리고 ∠a+∠b는 당연히 90°입니다.

∠a+∠b=90°

왜냐하면 직각삼각형에서 90°를 뺀 나머지 2개의 각이거든요. 그러면 작은 삼각형 △BEP에서 한 쪽 각은 a이고 다른 쪽은 b이면, 나머지 하나의 각도는 몇 도일까요? 90°겠죠? 그러면 맞꼭지각인 △APF는 당연히 90°겠죠? 그래서 답은 90°입니다.

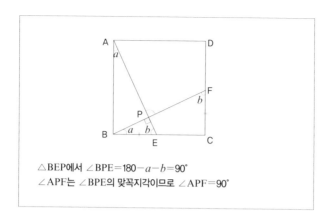

△BEP에서 ∠BPE=180−a−b=90°
∠APF는 ∠BPE의 맞꼭지각이므로 ∠APF=90°

두 번째 문제입니다. 첫 번째 문제보다 조금 더 어렵습니다

아래 그림에서 사각형 ADEB와 사각형 ACFG는 삼각형 ABC의 두 변 $\overline{AB}$, $\overline{AC}$를 각각 한 변으로 하는 정사각형이다. $\overline{DC}$와 $\overline{BG}$의 교점을 P라고 할 때 ∠BPC의 크기를 구하여라.

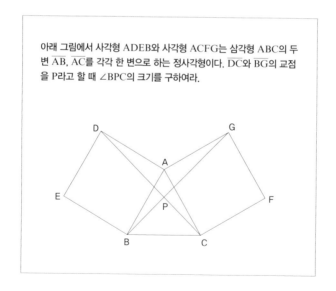

도형을 보면 일단 합동이 나옵니다. 우선, 삼각형 ADC와 삼각형 ABG가 SAS합동입니다.

$\overline{AD}$와 $\overline{AB}$가 같습니다. 정사각형이니까요. ∠DAC와 ∠BAG가 같습니다. ∠DAB는 90°거든요. ∠BAC를 a라고 했을 때 ∠DAC는 $90+a$이고, 마찬가지로 ∠BAG는 ∠GAC$+a$인데, ∠GAC가 90°니까 ∠BAG도 $90+a$가 됩니다. 그다음엔 $\overline{AC}$와 $\overline{AG}$가 같습니다. 왜냐하면 정사각형이니까요. 그렇게 SAS합동이 되죠.

이제 ∠ADC를 b, ∠ACD를 c라고 하겠습니다. 합동이니 마찬가지로 ∠ABG$=b$, ∠AGB$=c$가 되죠.

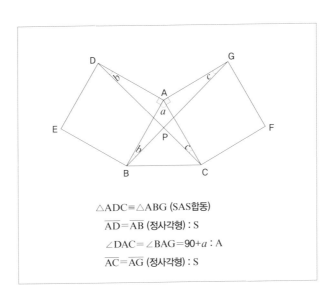

△ADC≡△ABG (SAS합동)

$\overline{AD}=\overline{AB}$ (정사각형) : S

∠DAC$=$∠BAG$=90+a$: A

$\overline{AC}=\overline{AG}$ (정사각형) : S

그러면 삼각형의 세 각의 합은 180°이기 때문에 90°를 뺀 나머지인 ∠a, ∠b, ∠c를 더한 값은 90°가 됩니다.

그리고 나서 △ABC를 그리는데요.

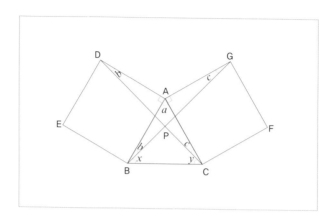

△ABC에서 ∠PBC를 x, ∠PCB를 y라고 하고 ∠x와 ∠y를 더하면 90°입니다. 왜냐하면 아까 전에 ∠a+∠b+∠c=90이라고 했고, △ABC의 내각의 합은 180°이기 때문에 그중에서 90°를 빼면 ∠x+∠y=90가 되는 것입니다.

∠a+∠b+∠c=90°
△ABC에서 ∠x+∠y=90°

마지막으로, △PBC를 보면 우리가 구하고 싶은 각을 ☆라고 했을 때 ∠x+∠y+☆=180입니다. 그렇기 때문에 ☆는 90도입니다.

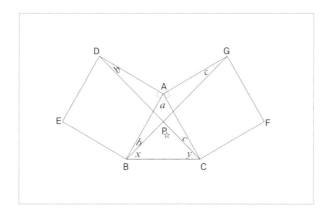

이 과정을 글로 깔끔하게 써도 되고, 글이 안 되면 말로 해도 상관없습니다. 처음부터 끝까지 답을 논리적으로 풀 수 있으면 되거든요.

아이들은 묻습니다. 굳이 이렇게 풀어야 하냐고요. 그 질문에 대한 제 대답은 명확합니다.

"네, 굳이 이렇게 풀어야 합니다."

이렇게 풀어야 문제를 완벽하게 이해할 수 있고, 그다음 과정으로 넘어가도 무너지지 않습니다.

많이 틀리는 수학 문제 2:
지수법칙 문제의 올바른 풀이

2학년 1학기 과정 중에 지수법칙이 있습니다. 아이들이 많이 어려워하는 부분인데, 2개의 문제를 통해서 어떻게 하면 깔끔하게 지수법칙 문제를 풀 수 있는지를 보여드리겠습니다.

지수법칙 4가지

문제 풀이를 하려면 우선 지수법칙이 무엇인지 알아야겠죠?

2학년 1학기 과정의 지수법칙은 4가지입니다. 합, 차, 곱, 분배입니다. 하나씩 보겠습니다.

- **합**: $a^2 \times a^3 = a^5$인데요. 이것을 지수법칙으로 풀면 $a^{2+3} = (a \times a) \times (a \times a \times a) = a^5$입니다.

- **차**: 3가지가 있습니다.

  ① $a^5 \div a^2 = \dfrac{(a \times a \times a \times a \times a)}{1} \times \dfrac{1}{(a \times a)} = a^3$인데요. 이것을 지수법칙으로 풀면 $a^{5-2} = a^3$입니다.

  ② $a^2 \div a^2 = \dfrac{(a \times a)}{1} \times \dfrac{1}{(a \times a)} = 1$인데요. 이것을 지수법칙으로 풀면 $a^{2-2} = a^0$입니다. 여기서 중요한 것은 a^0입니다. 어떤 수의 0제곱은 0이 아니라 1이라는 것입니다.

  ③ $a^2 \div a^4 = \dfrac{(a \times a)}{1} \times \dfrac{1}{(a \times a \times a \times a)} = \dfrac{1}{a^2}$인데요. 이것을 지수법칙으로 풀면 $a^{2-4} = a^{-2}$입니다. 여기서 $a^{-2} = \dfrac{1}{a^2}$인데요. '지수의 마이너스(−)는 분수다'를 기억해야 합니다.

- **곱**: $(a^2)^3 = a^2 \times a^2 \times a^2 = a^6$인데요. 이것을 지수법칙으로 풀면 $a^{2 \times 3} = a^6$입니다.

- **분배**: $(a^3 b^2)^3 = (a^3 b^2) \times (a^3 b^2) \times (a^3 b^2) = a^9 b^6$인데요. 이것을 지수법칙으로 풀면 $a^{3 \times 3} b^{2 \times 3} = a^9 b^6$입니다.

여기에서 각 과정을 이해하지 않고 결과만 외우면 어려울 수밖에 없습니다. 그러니 자녀가 각 과정을 꼭 이해하도록 지도해주시면 좋겠습니다.

이제 본격적으로 문제를 풀어보겠습니다.

첫 번째 문제입니다

$\dfrac{4^{2a-1}}{2^{a+2}}=32$, $\dfrac{9^{2b}}{3^{b+1}}=243$일 때, 자연수 a, b에 대하여 $a+b$의 값은?

첫 번째 식에서 분자 부분을 먼저 정리하면 $4^{2a-1}=(2^2)^{2a-1}=2^{4a-2}$입니다. 그러니 첫번째 식은 $\dfrac{2^{4a-2}}{2^{a+2}}$이 됩니다. 이것을 지수법칙을 적용해 분자를 분모로 나눠주면 $2^{(4a-2)-(a+2)}=2^{3a-4}$이 됩니다. 문제에서 2^{3a-4}가 32라고 했으니 32는 2^5이기 때문에 $3a-4$가 5가 되어야 하고, $3a$가 9가 되어야 하므로 a는 3이 됩니다.

두 번째 식 $\dfrac{9^{2b}}{3^{b+1}}$에서 분모는 그냥 두고 분자 9^{2b}는 $(3^2)^{2b}=3^{4b}$이 됩니다. 그러면 $\dfrac{3^{4b}}{3^{b+1}}$이 되어 지수법칙으로 분자를 분모로 나누면 $3^{4b-(b+1)}=3^{3b-1}$이 됩니다. 이 값이 243인데, 243은 3^5이기 때문에 $3b-1$은 5가 되어야 하므로 b는 2가 됩니다.

그래서 $a+b$의 값은 $3+2=5$가 됩니다.

이 문제에서 제일 중요했던 점은 차 부분인데요.

$a^{2-4}=a^{-2}=\dfrac{1}{a^2}$ 이 된다는 것입니다.

두 번째 문제를 풀어보겠습니다

$5^{x+1}(2^{x+2}+2^{x+4})=a^{x+b}$일 때, $a+b$의 값을 구하시오.

(단, a, b, x는 자연수)

일단, 정리할 수 있는 걸 먼저 정리해보겠습니다.

우선, 지수법칙 중 합에서 $a^2 \times a^3=a^{2+3}=a^5$이잖아요. 이것을 거꾸로 하면 $a^5=a^2 \times a^3$이 됩니다. 이 법칙을 적용해 계산을 하면 다음과 같습니다.

$$5 \times 5^x(2^2 \times 2^x+2^4 \times 2^x)=a^{x+b}$$

좌측 항을 계산하면 아래와 같이 되고

$$5 \times 5^x(4 \times 2^x+16 \times 2^x)$$
$$=5 \times 5^x(20 \times 2^x)$$

$$=5 \times 5^x \times 20 \times 2^x$$

이것을 소인수분해하면 $5 \times 5^x \times 2^2 \times 5 \times 2^x$이 됩니다.
이를 정리하면 다음과 같습니다.

$$5^{x+2} \times 2^{x+2}$$
$$=(5 \times 2)^{x+2}$$
$$=10^{x+2}$$

문제에서 a^{x+b}일 때 $a+b$의 값을 구하라고 했으니 그대로 대입
하면 a는 10, b는 2가 됩니다.
그러니 $a+b=10+2=12$입니다.

문제를 쭉 풀어보았는데요. 아이들이 저와 비슷하게라도 풀이
를 할 수 있다면 괜찮은 실력이라 볼 수 있습니다.
제 블로그에 이 문제를 그대로 수록해두었으니 자녀의 실력을
점검하실 때 다운받아 활용해보세요.

08

많이 틀리는 수학 문제 3: 소금물 농도 문제의 올바른 풀이

아이들이 해결해달라고 요청하는 문제 중에 베스트 3 안에 드는 것이 소금물의 농도 문제입니다. 그래서 소금물의 농도에 대한 문제를 2개 풀어보려 합니다.

소금물 관련 공식 2가지

문제를 풀기 전에 소금물에 관한 설명을 간단히 해보겠습니다. 소금물은 크게 두 가지를 가지고 실험합니다. 첫 번째는 소금의 양인데요. 소금의 양은 소금물의 양$\times\dfrac{\text{소금물의 농도}}{100}$로 구합니다. 두 번째는 소금물의 농도이며, $\dfrac{\text{소금의 양}}{\text{소금물의 양}}\times100$으로 구할 수 있습니다.

$$\text{소금의 양} = \text{소금물의 양}\times\dfrac{\text{소금물의 농도}}{100}$$

$$\text{소금물의 농도} = \dfrac{\text{소금의 양}}{\text{소금물의 양}}\times100$$

저는 기본적으로 소금물의 농도로 문제를 푸는 방법을 추천하지만 소금의 양으로 문제를 풀어도 상관은 없고, 문제가 많이 어렵다 싶으면 소금물의 양, 소금의 양, 소금물의 농도를 열거한 다음에 하나씩 계산해서 비교하는 게 좋습니다.

이제 문제 풀이를 하겠습니다. 문제는 소금물의 농도에 관한 것이며, 한 문제는 그래도 할 만하고, 다른 하나는 꽤 어렵습니다.

첫 번째 문제는 2학년 1학기 과정의 '소금물 농도' 문제입니다

3%의 소금물과 5%의 소금물을 섞은 후 물을 더 부어 4%의 소금물 900g을 만들었다. 3%의 소금물의 양과 더 부은 물의 양의 비가 5:1일 때, 더 부은 물의 양은?

연립방정식이니 식이 2개 필요하며, 3단계에 걸쳐서 문제를 풉니다.

1단계: 첫 번째 식 세우기

3% 소금물의 양과 더 부은 물의 양의 비가 5:1이라고 했으니 3% 소금물의 양이 $5x$, 더 부은 물의 양은 x입니다. 그런 다음에 5%의 소금물을 합치면 900g이 되는 것입니다. 이것을 식으로 만들면 $6x+y=900$입니다. 여기서 y는 5% 소금물의 양입니다.

2단계: 두 번째 식 세우기

3% 소금물의 양을 구해야 하니 소금의 양으로 풀 건데요. 그러면 식은 다음과 같습니다.

$$\frac{3}{100} \times 5x + \frac{5}{100} \times y = \frac{4}{100} \times 900$$

양변에 100을 곱해주면

$$15x+5y=3600$$

양변을 5로 나눠주면

$$3x+y=720$$

3단계: 첫 번째 식과 두 번째 식을 붙여 계산하기

아래와 같습니다.

$3x + y = 720$

$6x + y = 900$

$3x = 180,\ x = 60$

여기서 더 부은 물의 양을 구해야 하니 $x=60$이 더 부은 물의 양이 됩니다.

이 문제 풀이에서 제일 중요한 건 3% 소금물의 양과 더 부은 물의 양을 $5x$와 x로 둔 것입니다.

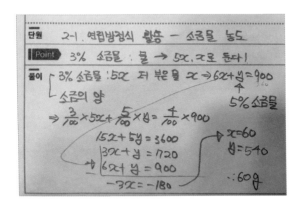

두 번째 문제는 어려운 만큼 문제 풀이가 깁니다

농도가 다른 두 소금물 A, B가 각각 600g씩 있다. A의 반을 B에 넣고 섞은 후 다시 B의 반을 A에 넣고 섞었더니 A의 농도는 8%, B의 농도는 10%가 되었다. 이때 소금물 A, B의 처음 농도를 각각 구하시오.

아까 말씀드렸듯이 문제가 어려우면 소금물의 양, 소금의 양, 그리고 소금물의 농도를 비교하는 것이 낫습니다. 이 문제는 2단계에 걸쳐 풉니다.

1단계: A가 B에 300g을 준 것에 대한 식 세우기

A의 농도를 x%, B의 농도를 y%라고 하고, 3가지를 비교하겠습니다.

우선 소금물 A는 300g(원래의 양 600g − B에 준 양 300g), B는 900g(원래의 양 600g + A에서 받은 양 300g)이 됩니다. 그리고 소금의 양은 A의 경우 $\frac{x}{100} \times 300$이라서 $3x$입니다.

B는 A에서 반을 받았기 때문에 $3x$에 원래 자기가 가지고 있던 $\frac{y}{100} \times 600$이 더해져 $3x + (\frac{y}{100} \times 600)$이 됩니다. 즉 B는 $3x + 6y$만큼의 소금을 가지고 있습니다.

농도는 A의 경우에는 원래 x%였잖아요. 절반을 B에 준다고 해서 농도는 변하지 않습니다. 그렇기 때문에 A의 농도는 여전히

271

x%입니다.

하지만 A로부터 소금물을 받은 B는 농도가 변합니다. 그것은 무엇이냐면, 전체 소금물의 양은 900g이지만 그 안에 들어 있는 소금은 $3x+6y$이므로 $\frac{(3x+6y)}{900}\times100$이 되고, 이를 계산하면 $\frac{(3x+6y)}{9}=\frac{(x+2y)}{3}$가 됩니다.

2단계: B가 A에 반을 주는 식 세우기

이젠 B가 A에게 소금물을 450g을 줬습니다. 그럼 A의 양은 300＋450＝750g이 되고요. B는 900−450＝450g이 남습니다. 그러면 아까처럼 A와 B를 가지고 소금물의 양, 소금의 양, 소금물의 농도를 비교하겠습니다.

소금물 A는 750g, B는 450g이 되었습니다. 소금의 양은 B가 반을 줬기 때문에 $\frac{(3x+6y)}{2}$가 되었습니다. 그러면 A의 소금의 양은 원래 있던 $3x$에 받은 양을 더하면 $3x+\frac{(3x+6y)}{2}$가 됩니다.

농도는 B의 경우 소금물은 반으로 줄었지만 농도는 변하지 않으므로 $\frac{(x+2y)}{3}=10$이 유지됩니다.

A의 농도는 변해서 $\frac{3x+\dfrac{(3x+6y)}{2}}{750}\times100=8$이 됩니다.

272

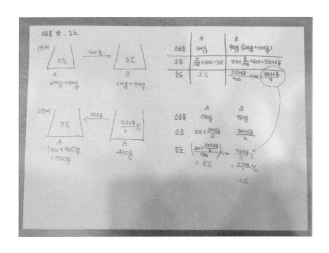

이렇게 마련된 식을 가지고 연립방정식을 풀면 됩니다. 만약 자녀가 소금물의 농도 문제로 머리 아파한다면 힘든 마음을 공감해주시면서 같이 풀어보시기 바랍니다.

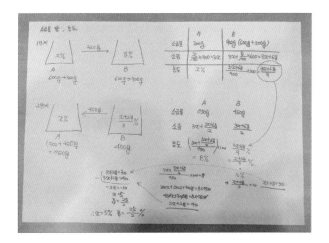

09

많이 틀리는 수학 문제 4: 시계 문제의 올바른 풀이

1학년 1학기 '방정식의 활용' 중에서 시계 문제 역시 아이들이 많이 물어보는데, 문제의 유형은 다양하지만 풀이 원칙은 하나밖에 없기 때문에 그 하나만 잘 배우면 문제는 의외로 쉽게 풀립니다.

시계 문제 풀이의 4단계

시계 문제를 풀 때는 몇 가지 단계가 있습니다.

1단계: 기준 잡기

시계를 그려서 보면 3시는 90°, 6시는 180°, 9시는 270°, 12시는 360°입니다.

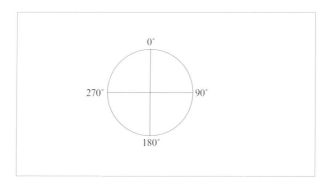

2단계: 속력 계산하기

분침의 속력은 1시간 동안 1바퀴를 돌기 때문에 360°/60분, 즉 6°/분입니다. 시침의 속력은 시간 숫자 기준으로 60분마다 1칸을 가기 때문에 30°/60분, 즉 0.5°/1분입니다.

분침 속력: 360°/60분 = 6°/분
시침 속력: 30°/60분 = 0.5°/분

3시 x분이라고 했을 때 각도를 보면 되는데, 분침의 각도는 $6x$ 입니다. 문제는 시침의 각도입니다. 시침의 각도는 속력에서 본 것처럼 $0.5x$이지만 3시이기 때문에 1칸에 $30°$인데 이미 3칸을 움직였으니 $30 \times 3 + 0.5x = 90 + 0.5x$입니다.

분침 각도: $6x$
시침 각도: $30 \times 3 + 0.5x = 90 + 0.5x$

$180°$라고 가정해봅시다. 이미 3시잖아요. 상상을 하면, $180°$이 니 대강 요 정도 될 것입니다.

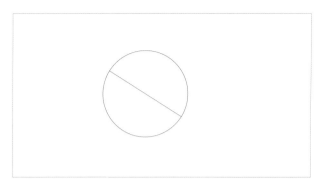

여기에서 시침의 각도가 더 클까요? 분침의 각도가 더 클까요? 우리는 기준을 12시로 잡고 12시를 0°로 봤기 때문에 당연히 분침의 각도가 더 큽니다. 그래서 분침의 각도에서 시침의 각도를 뺀 게 180°면 되거든요. 그러면 $6x-(30\times3+0.5x)=180$이면 됩니다.

이 식을 풀면 $x=\dfrac{540}{11}$, 즉 3시 $\dfrac{540}{11}$ 분이 됩니다.

이렇게 시계 문제는 처음에 기준을 세우고, 분침과 시침의 속력을 알고, 시간에 따른 분침과 시침의 각도를 안 다음에 분침이 큰지 시침이 큰지 상상을 해서 문제를 풀면 됩니다.

첫 번째 문제의 키포인트는 순서에 맞춰서 상상하는 것입니다

> 2시와 3시 사이에 시계의 시침과 분침이 겹쳐지는 시각을 구하여라.

각각의 분침과 시침의 각도 먼저 구하겠습니다.

2시 x분이니 분침은 $6x$, 시침은 이미 2칸을 왔으니 $30 \times 2 + 0.5x$입니다. 문제에서 시침과 분침이 겹쳐진다고 했는데, 이는 시침과 분침 각도가 같다는 것을 의미합니다. 그래서 시침이 클지 분침이 클지 상상할 필요가 없습니다. 그러니 식은 다음과 같이 정리됩니다.

$$6x = 30 \times 2 + 0.5x$$

이 식을 풀면 x값은 $\frac{120}{11}$이고, 문제의 답은 2시 $\frac{120}{11}$ 분입니다.

두 번째 문제를 풀어보겠습니다

7시와 8시 사이에서 시침과 분침이 180도를 이루는 시각은?

이번 문제는 7시 x분을 구하는 겁니다.

분침의 각도는 $6x$이고, 시침의 각도는 $30 \times 7 + 0.5x$입니다. 시침이 분침보다 크고 $180°$를 이룬다면 대강 다음과 같이 상상할 수 있습니다.

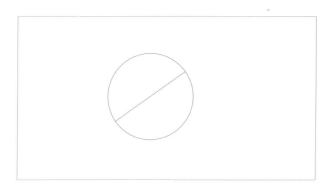

여기에서 시침의 각도가 클까요? 분침의 각도가 클까요? 물론 시침의 각도가 더 큽니다. 그러니 시침의 각도에서 분침의 각도를 뺀 것이 180°라고 보면 됩니다. 그러면 식은 이렇게 됩니다.

$(30 \times 7 + 0.5x) - 6x = 180$

식을 풀면 x값은 $\dfrac{60}{11}$ 이고, 정답은 7시 $\dfrac{60}{11}$ 분입니다.

보셨듯이 푸는 방법만 알면 굉장히 쉽습니다. 이 문제들 역시 자녀들의 실력을 점검하실 때 활용하시면 좋습니다.

방학과 방학 후 생활을 알차게 보내는 방법

방학이 다가오면 부모는 마음이 급해집니다. 내 아이의 실력을 업그레이드하거나 실력의 빈틈을 메워줄 특강을 신청해야 하고, 다음 학기 내신 준비도 해야 하고, 촘촘한 시간 분배로 학습 의지가 흐트러지지 않게 생활 관리도 해야 하니까요. 그래서 부모들은 방학을 대비해서 여러 가지 계획을 세워놓습니다.

아이들은 1년에 두 번 방학을 맞습니다. 여름방학과 겨울방학인데, 두 방학의 기간이 크게 차이 나지만 계획의 방향을 잘 잡고 방학이 끝난 직후에 제대로 정리하면 방학을 알차게 보낼 수 있습니다.

여름방학은 생각보다 짧습니다

여름방학은 3주 정도이고, 겨울방학은 최장 2개월 정도입니다. 여름방학이 훨씬 짧죠. 그래서 여름방학엔 현실적으로 큰 성장을 하기가 어렵습니다. 저도 여름방학 특강을 만들었는데, 3주 기준으로 수업일수를 세보니 약 11회 정도밖에 안 나오더군요. 그리고 여름방학은 학교마다 방학일과 개학일이 너무 달라서 특강을 신청하더라도 아이마다 11회 수업을 다 채우는 게 거의 불가능한 데다 집집마다 휴가 일정이 다르고 여행을 다녀온 뒤에 빠진 수업일수만큼 보충을 하다가 여름방학이 끝나는 일이 비일비재합니다. 즉 여름방학은 빠진 수업을 수습하다가 끝날 가능성이 매우 높습니다.

그렇다면 여름방학은 어떻게 계획하는 게 가장 좋을까요?

대부분 기존의 수업은 유지하고, 방학에 추가로 무언가를 더 들으려고 한다면 눈물을 머금고라도 특강은 1개만 신청하는 것이 좋습니다. 혹시 시간이 남으면 정규 수업 시간에 아이가 어려워했던 단원을, 문제집을 한 권 더 사서 해당 단원만 다시 차분히 풀리기를 추천합니다. 방학 특강은 기간이 짧고 진도가 빠르기 때문에 한번 훑는 느낌이 강하지만 일단 손을 대면 최대한 퀄리티를 올려야 하기 때문에 여름방학에 한 과목에 집중해서 실력을 유의미하게 성장시키는 것만으로도 방학을 알차게 보냈다고 할 수 있습니다.

그게 꼭 수학이 아니어도 괜찮습니다. 영어가 걱정되고 수학이 괜찮으면 영어를, 수학이 걱정되고 영어가 괜찮으면 수학을, 둘 다 괜찮으면 국어나 사회나 과학 중에서 한 과목에만 집중하는 것이 효율적입니다.

겨울방학 계획, 이렇게 세우면 망합니다

겨울방학 계획을 세울 때도 여름방학 계획을 세울 때와 원칙이 비슷합니다. 그것은 바로 국어, 영어, 수학, 과학, 사회 등 전 과목 중 한 과목만 유의미하게 성장시킨다고 결심하는 것입니다.

2개월이라는 시간은 길고, 다양한 특강도 많고, 다음 학년 준비도 해야 하는데 왜 그래야 하느냐고 의문을 갖는 분들이 많으실 줄 압니다. 그러나 겨울방학에 여러 가지 과목을 동시에 집중하는 것은 공부를 망치는 지름길입니다.

사람의 의지력에는 한계가 있습니다. 그래서 아껴 써야 합니다. 대부분 부모님들 눈에 자녀의 약점이 너무 잘 보여서 학기중에 벼르고 있다가 방학이 되면 그 약점을 메우려고 공부를 엄청 시키는 경우가 많습니다. 예를 들면 우리 아이가 수학 개념이 약한 것 같고 영어 문법을 보강해야 하니 기존 정규반은 유지하면서 수학 개념 특강과 영어 문법 특강을 추가하는 겁니다. 저는 특강을 4개 이상 시키는 경우도 많이 봤습니다. 그런데 이러면 무조건 망합니다.

가장 큰 이유는 학원 수업이 학교 수업보다 훨씬 힘들기 때문입니다. 부모님들은 학교 가는 시간에 학원에 가서 공부한다고 생각하시는데, 학원 수업은 학교 수업보다 난이도가 높습니다. 게다가 선행이나 심화를 하면 그 난이도는 훨씬 더 올라갑니다. 단순히 비교하면, 학교 공부 2시간이 학원 공부 4시간쯤 됩니다. 그래서 학원에서 하는 공부는 아이들의 의지력과 에너지가 많이 소비됩니다. 단순히 시간의 총합으로 생각하면 곤란합니다.

그래서 제가 누누이 말하는 지론은 '겨울방학에는 한 과목만 잡자'입니다. 예를 들면 수학 개념을 잡아야 한다면 영어는 원래 다녔던 정규반을 그대로 다니고 수학에 집중하는 겁니다. 집중한다고 해서 일주일 내내 매일 5~6시간씩 공부를 한다는 뜻이 아니라, 수학 개념 특강을 오전이나 이른 오후에 하나, 원래 다녔던 정규반 하나. 이렇게 하루에 수업 2개 정도를 듣는 게 아이들이 받아들일 수 있는 학습의 적정량이라고 생각합니다. 그렇게 두 달 정도 공부하면 원했던 성과를 거둘 수 있습니다.

그런데 수학 개념도 잡고 영어 문법도 잡겠다고 특강을 각각 잡으면 아이들은 수학 공부를 하는데도 엄청 진을 쓰고 영어 공부를 하는데도 엄청 진을 씁니다. 그리고 아이들은 공부할 게 너무 많아지고 어려우면 숙제를 때우는 식으로 행동합니다. 아이들도 살아야 하니까요. 그러면 겨울방학이 끝날 때쯤 아이들의 머릿속엔 열심히 공부하느라 힘들었던 기억만 남을 뿐 성과가 별로 없습니다.

겨울방학에 모든 걸 다 고칠 순 없습니다. 대신 가장 약한 부분만 제대로 고치겠다는 생각을 하셔야 대치동에서 흔히 경험하는 실패에서 벗어날 수 있습니다. 뭘 선택할 것인가는 자녀를 면밀히 관찰해서 '한 가지를 선택해야 한다면 무엇을 선택할 것인가'를 신중히 고민하고 선택한 것에 집중해야 합니다. 그렇지 않고 겉으로 보이는 단점을 고치는 방식으로 선택을 하면 그 부담은 고스란히 아이에게 넘어가서, 결국 겨울방학에 돈은 돈대로 쓰고 시간은 시간대로 보내고 아이는 아이대로 고생하게 될 것입니다.

교육을 하면 할수록 부모님들이 마음을 비우는 게 진짜 중요하고도 어렵다는 생각을 합니다. 선생님과 부모는 아이를 위해 무언가를 더 하고 싶고 열심히 할 준비가 되어 있지만, 정작 공부는 아이들이 하는 것이기 때문입니다. 그러니 지금이라도 아이들의 겨울방학 스케줄을 한번 보시고, 한 과목을 위한 스케줄인지 적절히 모든 걸 잘해보려고 짜놓은 스케줄인지를 판단해보시면 좋겠습니다. 혹시나 후자라면 한두 개는 정리를 하고 스케줄을 조정하시면 좋을 것 같습니다.

여름방학이 끝나면서 해야 할 것들

방학 계획을 세우고, 그 계획을 실천했다면 정말 훌륭한 방학을 보낸 것입니다. 그런데 모든 일이 그렇듯이 정리가 아주 중요하지요. 대청소를 한 뒤에 도구를 정리하는 것처럼요. 방학도 그렇습니다.

그러면 여름방학이 끝나기 전에 꼭 점검해야 할 것은 무엇일까요?

첫 번째는, 여름방학에 배웠던 내용들을 증명하는 것입니다.

여름방학 특강은 기간이 짧고 진도가 빠르기 때문에 각 단원들의 조건과 성질의 증명을 모두 하기 어려울 수 있습니다. 그래서 여름방학 특강을 들은 아이들을 대상으로 확인해보면 조건과 성질을 활용한 문제들은 곧잘 맞히는데 이게 왜 이렇게 되는지 모르는 경우가 많습니다.

저는 수업에서 개념 정리를 저의 개념 교재인 〈에피톰코드〉에 모아서 아이들에게 전달하고 있습니다. 이렇게 의도된 결과물이 있으면 더 좋지만, 꼭 이 형식은 아니더라도 자신만의 양식으로 차분히 복습하면 큰 도움이 됩니다.

두 번째는, 풀었던 문제집들의 오답 정리입니다.

제가 앞에서 추천한 방식으로 오답노트를 만들면 더 좋겠지만, 시간상 여의치 않을 때는 같은 문제집을 2권 사서 중요한 문제들에 표시해두거나, 프린트로 받은 문제들은 나중에 복사해서 다시 풀 수 있도록 보관해야 합니다. 그렇게 취약한 부분의 문제들을 모아두는 것은 나중에 중간고사를 준비할 때 어느 부분을 보강해야 하는지를 명확하게 알려주는 나침반의 역할을 합니다. 만일 이런 준비 없이 그때 가서 새로운 마음으로 〈쎈〉과 같은 문제집을 푼다면, 그 문제집을 처음부터 끝까지 다 풀어야 비로소 무엇을 보강해야 하는지를 확인할 수 있습니다. 이렇게 되면 여름방학에 열심히 고생한 보람이 없습니다. 나중에 활용할 수 있도록 내가 공부했던 것들을 모아서 정리하는 그 한 곳이 정말 중요합니다.

겨울방학이 지나고 3월에 해야 할 일 3가지

겨울방학은 여름방학에 비해 굉장히 길기 때문에 아이들과 부모님 모두 학업에 많은 신경을 씁니다. 그래서 겨울방학이 끝날 무렵에는 부모님과 아이들 모두 지쳐 있곤 합니다. 이런 고생을 뒤로 하고 새로운 학기가 시작되는 3월에 꼭 해야 할 일 3가지를 말씀드리겠습니다.

첫째, 부모님과 아이들의 정신적·신체적 컨디션을 점검하고 휴식을 취합니다.

겨울방학에 선행학습과 과제 등 학습을 하면서 몸과 마음이 소진되었을 것입니다. 그러니 충분히 휴식을 취해야 합니다. 새학기가 시작되면 아이들은 정신이 없어서 피곤한데도 피곤하다는 사실을 인지하지 못한 채 3월에 많은 수업을 듣곤 하는데, 그러면 학습 효율이 낮을 수 있습니다. 그래서 2주 정도는 주말에 충분히 휴식하는 것이 좋습니다.

둘째, 겨울방학에 진행한 학습 결과물을 점검합니다.

대부분의 겨울방학 특강 수업들은 빠르고 압축적입니다. 게다가 정규반을 수강하면서 추가로 들으니 아이들에게 과부하가 걸리는 경우가 많아요. 수강한 내용들을 다 소화를 못 하는 거죠. 그렇게 되면 해당 단원의 단원평가 점수가 낮거나 그전의 교재를 다 못 풀거나 하는 상황이 발생합니다. 그래서 3월이 되면 겨울방학에 진행했던 특강과 정규반 교재들을 차분히 다시 점검해야 합니다. 빠진 내용은 채우고, 너무 못 본 시험문제는 다시 풀어보면서 충분한 여유를 가지고 내용을 음미해야 겨울방학에 빠르게 진도 나갔던 학습 내용들이 머릿속에 제대로 전달되는 효과를 볼 수 있습니다. 대부분의 아이들은 겨울방학에 했던 교재를 멀리하고 싶겠지만 그러면 노력은 노력대로 하고 성과는 안 나오는 최악의 상태가 될 수 있습니다.

셋째, 새롭게 시작하는 수업들을 점검합니다.

3월이 되면 학원을 옮기거나 이것저것 알아보는 등 학습 계획을 크게 변경하는 경우들이 있습니다. 그러면 자녀가 새로운 곳에서 적응을 잘하는지 한 달 정도는 유심히 지켜봐야 합니다. 자녀가 새로운 곳에서 적응을 잘 못하는 건 새로운 곳의 문제가 아니라 정신적·신체적 컨디션이 회복되지 않았거나 겨울방학에 배운 내용에 대한 점검이 미진해서 생긴 일일 수 있습니다. 그럴 땐 옆에서 선생님과 부모님이 아이의 상태를 유심히 살펴보아야 정확한 원인을 알 수 있습니다.

이렇게 세 가지를 확실하게 해내려면 3월에는 특강이나 정규반 외의 수업은 최소로 잡을 것을 추천합니다. 안 그러면 겨울방학에 배운 것들이 제대로 정리가 안 될 수 있습니다.

실은 저도 겨울방학이 지나면 컨디션이 좀 떨어져서 항상 정신적 · 신체적 재정비의 필요성을 느낍니다. 3월에는 아이들과 부모님 모두 컨디션을 점검하고 새롭게 시작하면 좋겠습니다.

공유합니다~
대치동 최애 문제집 사용법
& 학원 이동 시 고려할 점

이번 장에는 대치동에서 많이 쓰는 문제집에 대해 이야기합니다. 같은 문제집도 어떻게 쓰느냐에 따라 결과가 달라지니까요. 여기에 대치동 학원으로 이동을 고민하시는 분들을 위해 학원 이동 시 고려할 점도 실었습니다.

대치동 대표 문제집
〈에이급 수학〉 사용 설명서

수많은 수학 문제집 중에서 대치동 학부모님들이 가장 좋아하는 유형의 수학 문제집은 심화 문제집입니다. 심화 문제집은 다시 '심화'와 '최심화'로 구분됩니다. 그냥 심화라고 하기엔 문제들이 너무 어려우니 최심화라고 부르는 것입니다.

그런데 꼭 그렇게 어려운 문제를 풀어야 할까요? 그렇습니다. 대치동에서는 중학교 내신이 많이 어렵기 때문에 내신을 보기 전에 이런 문제집을 풀어야 합니다. 할 수 있다면 시험 직전에 최심화 문제집을 풀어줍니다.

그 어려운 문제집들 중에서 대치동 부모님들이 특별히 선호하

는 문제집이 있습니다. 초등수학 과정에서는 〈최상위 수학〉을, 중
등수학 과정에서는 〈에이급 수학〉을, 고등수학 과정에서는 〈블랙
라벨〉을 가장 선호합니다. 이 중에서 초등수학 과정의 〈최상위 수
학〉은 누구나 다 풀기 때문에 논외로 하고, 분기점이 되는 〈에이급
수학〉에 대해 이야기를 해보겠습니다.

A스텝이 매우 어렵습니다

〈에이급 수학〉의 구성을 잠깐 보면 제일 쉬운 C스텝, 중간 단계
인 B스텝, 그리고 제일 어려운 A스텝이 있습니다. C스텝 → B스텝
→ A스텝 순으로 풀어야 비로소 "〈에이급 수학〉을 풀었다"라고 말
할 수 있습니다. 그런데 이 문제집이 많이 어렵습니다. 그래서 대
치동에서는 "〈에이급 수학〉을 해요"라고 말하는 아이는 '수학을
굉장히 잘하는 학생'이라는 상징성을 부여받습니다.

그런데 〈에이급 수학〉의 C스텝, B스텝은 일반 심화 문제집의
가장 어려운 파트보다 쉬운 편입니다. 그래서 '〈에이급 수학〉을 푼
다'는 말은 'A스텝을 푼다'는 것을 의미합니다. 실은 A스텝을 풀지
않으면 〈에이급 수학〉을 푸는 의미가 없을 정도입니다.

〈에이급 수학〉의 A스텝 문제들을 보면 최심화 문제집이라는 타
이틀을 유지하기 위해 2학년 1학기 문제집에 3학년 1학기에 배우

는 문제가 나온다든지, 3학년 1학기 문제집에 고등학교 수학-상 문제가 나오는 식으로 다음 과정에 나올 법한 문제들이 등장합니다. 간단한 예로 이 문제를 보시죠.

$x = \sqrt{5}+1$일 때 $(x+[x])(x-[x])$를 구하여라.
(단, $[x]$는 x를 넘지 않는 최대의 정수이다.)

이 문제는 중학교 3학년 1학기 과정 〈에이급 수학〉의 A스텝에 나온 문제인데요. 중등수학 과정이지만 고등수학의 가우스 기호를 포함하고 있습니다. 물론 문제 끝에 가우스 기호에 대한 기본 정의가 있기 때문에 정말 잘하는 아이들은 풀 수도 있겠지만, 고등수학 과정을 배우면 훨씬 쉽게 풀 수 있는 문제입니다.

〈에이급 수학〉과 함께 중등수학 과정에서 가장 선호하는 문제집 중 하나인 〈최상위 수학〉도 패턴이 유사합니다. 즉 문제를 어렵게 내려고 다음 학년에서 배울 개념을 가져다 쓰기 때문에 자기 학년의 개념만 배워서는 풀기가 매우 어렵습니다.

A스텝은 고등학교 수학-상의 개념을 익힌 뒤 풀어요

이렇게 〈에이급 수학〉과 〈최상위 수학〉은 자기 학년의 과정만 배워서는 문제를 풀기가 매우 어려운 문제집입니다. 그래서 학원에서는 〈에이급 수학〉으로 수업을 하면 문제를 선생님이 풀어주는 경우도 많습니다. 수업은 해야 하는데 아이들은 못 따라오니 선생님이 풀어줄 수밖에요. 그렇게 되면 아이들은 수업은 듣지만 이해는 못 할 수 있습니다. 혹시 자녀가 〈에이급 수학〉을 풀었는데 자기 실력으로 풀었는지를 확인하고 싶다면 〈에이급 수학〉 문제집을 한 권 더 구입해서 A스텝 문제들을 다시 풀게 해보세요. 그러면 자기 실력인지 아닌지를 확실히 알 수 있습니다.

저도 대치동에서 아이들을 가르치면서 이런저런 모습들을 많이 보는데 선생님이 풀어주고 아이들은 필기로 시늉만 하는 경우가 많습니다. 그러면 난이도를 낮추면 되지 않느냐 하시겠지만, 그 와중에 자기 힘으로 그 어려운 문제들을 푸는 아이들이 있으니 난이도를 낮추지는 않는 것입니다. 그러니 자녀가 〈에이급 수학〉의 A스텝 문제들을 못 푼다고 해서 탓하거나 재촉하지 않으면 좋겠습니다. 배우지도 않은 개념에 대한 문제를 푸는 건 드문 일이니까요.

제가 시행착오 끝에 내린 결론이 있습니다. 그건 바로, 기본과 심화 문제집으로 고등학교 수학-상까지 선행을 하고 나서 〈에이급 수학〉을 풀리는 것입니다. 그러면 한결 낫습니다. 고등학교 수학-상까지 배우면 개념 정도는 이해하기 때문에 〈에이급 수학〉과 같은 최심화 문제집도 자기 힘으로 풀 수 있는 실력이 됩니다. 그러면 너무 늦어지지 않느냐고요? 그렇지 않습니다. 내신 시험을 보기 전에만 풀면 충분합니다.

만약 〈에이급 수학〉으로만 해결하고 싶다면 아까 말씀드린 대로 C스텝과 B스텝을 먼저 풀리기를 추천합니다. 다른 심화 문제집의 난이도와 비슷한 C스텝과 B스텝을 다 풀어놓고, 고등학교 수학-상까지 선행을 하고 나서 다시 〈에이급 수학〉의 A스텝을 풀리면 시간을 줄일 수 있습니다.

〈에이급 수학〉은 가장 어려운 문제집이지, 가장 효과적인 문제집이 아닙니다. 선행이 많이 섞여 있고, 의지력과 에너지가 많이 소비되기 때문입니다. 그래서 적절히 사용하지 않으면 오히려 부작용이 생길 수 있습니다. 실제로 〈에이급 수학〉 때문에 고통받는 아이들이 너무 많습니다. 일단은 고등 과정까지 선행을 마치고 나서 이 문제집을 어떻게 할 것인지 고려해보시는 게 아이들의 고통을 줄이면서 동시에 시행착오를 줄이는 가장 안전한 방법이 될 수 있습니다.

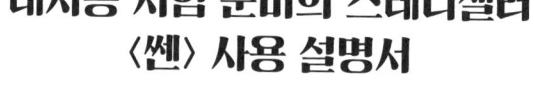

대치동 시험 준비의 스테디셀러
〈쎈〉 사용 설명서

시험 준비 기간만 되면 어김없이 푼다는 전설의 문제집이 있습니다. 바로 〈쎈〉 시리즈입니다. 이 문제집은 2018년 말 기준 누적 판매부수가 3,000만 부를 돌파했을 정도로 많은 인기를 누리고 있는데요. 인기 좋은 문제집이지만 잘못 사용하면 자녀에게 수학 공부에 대한 부담감만 실컷 주고 성적은 안 오르는 상황에 맞닥뜨릴 수 있습니다. 그런 일을 예방하기 위해 이 문제집의 구성과 효과적인 사용법에 대해 알려드립니다.

기본부터 심화까지 다양한 유형을 경험할 수 있습니다

문제집의 구성은 단순합니다. 가장 쉬운 A스텝, 중간 난이도의 B스텝, 가장 어려운 C스텝으로 구성되어 있습니다. 이 중에서 A스텝은 너무 쉽고, B스텝은 난이도가 일반 문제집의 중간 정도이거나 그보다 조금 높아서 기본 교재의 역할을 한다고 볼 수 있습니다. 그런데 C스텝은 B스텝과 난이도 차이가 큽니다. 정확히는 심화 교재의 가장 어려운 파트보다 살짝 쉬운 정도로, 꽤 어렵습니다. 그래서 이 문제집의 B스텝을 풀면 일반 교재를 푼 것과 같고, C스텝을 풀면 대략이나마 심화 문제집을 푼 것으로 볼 수 있습니다.

즉 한 문제집으로 기본 교재와 심화 교재의 난이도를 모두 경험할 수 있어 아주 완벽하지는 않아도 기본과 심화를 적절히 아우를 수 있습니다. 게다가 문제 수가 굉장히 많고 유형이 다양해서 내신을 준비할 때 이 문제집을 활용하면 기본적으로 아이들이 알아야 할 다양한 문제 유형을 거의 다 경험할 수 있습니다.

'기본 교재와 심화 교재가 적절히 섞여 있다'는 것과 '문제 유형이 많고 문제 수가 많기 때문에 내신을 대비하기 좋다'는 점이 지금의 〈쎈〉 시리즈를 만들었다고 생각합니다. 하지만 아무리 좋은 약도 오남용을 하면 오히려 해가 되듯 〈쎈〉 역시 잘못 활용하면 예상치 못한 일을 겪을 수 있습니다. 그러니 〈쎈〉을 통해 성적 향상이라는 성과를 얻고 싶다면 딱 두 가지만 주의해주시면 좋겠습니다.

선행할 땐 B스텝까지만 푸는 게 여러모로 좋습니다

첫째, 선행을 하거나 처음 배우는 과정을 〈쎈〉으로 공부할 때는 무조건 B스텝까지만 풀리기를 추천합니다.

공부를 시키는 부모님의 입장에서는 〈쎈〉이 편집 숍처럼 난이도가 다양한 문제들을 모두 담고 있어서 편리하겠지만, 배우는 아이의 입장에서 〈쎈〉은 문제가 많고 유형이 까다로워서 부담스러운 교재입니다. 그리고 B스텝과 C스텝의 난이도 차이가 크기 때문에 자칫 C스텝에서 너무 힘든 문제에 시달리다가 수학에 질릴 수 있습니다. 그래서 처음 진도를 나갈 때는 B스텝까지만 풀리고, 심화 과정을 할 때 심화 교재와 함께 〈쎈〉의 C스텝을 풀리면 아이들이 큰 무리 없이 〈쎈〉을 마스터할 수 있습니다.

중등 <쎈>과 고등 <쎈>은 차원이 다릅니다

둘째, 중등 과정 〈쎈〉과 고등 과정 〈쎈〉은 문제집의 포지션이 다르다는 것을 아셔야 합니다.

중등 과정 〈쎈〉은 앞서 말씀드린 것처럼 모두가 접하는 입문서에 가깝습니다. 그래서 중등 과정 〈쎈〉은 아이들에게 친숙합니다. 특히 B스텝이 그렇습니다. 반면 고등 과정 〈쎈〉은 심화 교재에 훨씬 가깝습니다. 바로 뒤의 글에서 고등수학 교재인 〈수학의 정석〉에 대해 말씀드릴 텐데요. 심화 교재인 〈실력 수학의 정석〉의 보조 교재로 많이 쓰이는 교재가 고등 과정 〈쎈〉입니다.

이처럼 고등 과정에서는 〈쎈〉이 심화 교재로 분류되기 때문에 중등 과정 〈쎈〉을 생각하고 고등 과정 〈쎈〉을 쉽게 생각하시면 안 됩니다. 그나마 고등 과정 〈쎈〉의 B스텝은 〈수학의 정석〉의 '기본문제'와 '유제', '연습문제' 사이쯤의 난이도라서 억지로 풀리면 풀 수 있는데, C스텝은 〈수학의 정석〉의 '연습문제'이거나 그보다 더 어려운 경우도 있습니다. 그래서 중등 과정 〈쎈〉은 잘 푸는데 고등 과정 〈쎈〉을 잘 못 푸는 것은 지극히 정상입니다. 이것은 〈쎈〉이라는 문제집의 중등 과정과 고등 과정의 포지션이 다르기 때문에 발생하는 문제점일 뿐 아이들의 실력 때문에 생긴 일이 아닙니다. 중등 과정 〈쎈〉과 고등 과정 〈쎈〉의 차이를 아신다면 자녀와의 불필요한 싸움을 줄일 수 있습니다.

국민 수학 문제집이라 불리는 〈쎈〉에 대해 좀 이해가 되셨나요? 저도 나중에 〈쎈〉과 같은 문제집을 집필할 수 있으면 좋겠습니다.

고등수학의 영원한 스테디셀러
〈수학의 정석〉 사용 설명서

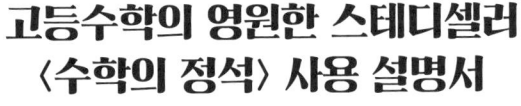
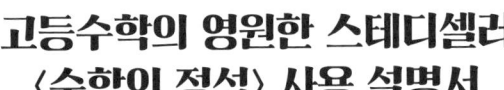

거의 모든 아이들이 고등학생이 되면 구입하는 전설의 문제집이 있습니다. 〈수학의 정석〉인데요. 대치동에서는 〈수학의 정석〉을 너무너무 사랑할 뿐만 아니라 〈에이급 수학〉 이상으로 선호하고 있습니다. 아마도 부모님들이 공부하실 때 〈수학의 정석〉을 많이 썼고, 그 신뢰도가 이어졌기 때문이라고 생각합니다. 그래서 대치동에 있는 모든 학원은 개념 진도를 〈수학의 정석〉에 맞춰서 나갑니다.

　1966년에 처음 출간되어 2017년 말까지 〈수학의 정석〉의 누적 판매부수는 약 4,700만 권으로 성경 다음으로 많다고 합니다. 역대 우리나라 베스트셀러 순위에서 당당히 1위를 차지하기도 했습니다. 이처럼 유명한 〈수학의 정석〉을 어떻게 해야 효과적으로 사용할 수 있을까요?

우선, 〈수학의 정석〉은 2가지 종류가 있습니다. 〈기본 수학의 정석〉과 〈실력 수학의 정석〉인데요. 문제집 내부를 보면 가장 쉬운 '보기'가 있고, 중간 난이도인 '기본문제'와 '유제'가 있고, 제일 난이도가 높은 '연습문제'가 있습니다. 〈실력 수학의 정석〉에서는 '연습문제'가 두 가지로 '기본 연습문제'가 있고, 난이도 최상급의 '실력 연습문제'가 있습니다. 그래서 〈수학의 정석〉에서 가장 어려운 파트는 〈실력 수학의 정석〉에 있는 '실력 연습문제'라고 보면 됩니다.

〈수학의 정석〉을 공부할 때 생각해야 할 점은 세 가지입니다.

다른 문제집과 체계가 많이 다릅니다

〈수학의 정석〉은 출판사에서 중요하다고 여기는 순서로 구성되어 있습니다. 가장 대표적인 예가 5단원 '실수'입니다. 이 단원은 다른 문제집에는 없는 단원이거든요. 없는 단원을 만들어서 넣었을 만큼 기본 실력을 튼튼하게 하려고 노력한 것입니다.

하지만 이런 노력의 영향으로 결국 다른 문제집과 체계가 많이 다릅니다. 심지어 문제집의 범위도 다릅니다. 고등학교 수학-상의 경우 〈수학의 정석〉에서는 '이차부등식'에서 끝나는데, 다른 문제집들은 그 뒤에 '원의 방정식'과 '도형의 이동'까지 담았습니다. 같은 과정인데 문제집의 단원 구성 자체가 다릅니다. 그리고 세부 목차를 보면 〈수학의 정석〉은 1단원 '다항식의 연산' 다음에 2단원 '인수분해'가 나오는데, 다른 문제집을 보면 1단원 '다항식의 연산' 이후에 '항등식과 나머지 정리'가 나옵니다. 이게 그렇게 큰일이냐고요?

대치동에서는 〈수학의 정석〉을 기준으로 진도를 나간다고 말씀드렸죠? 그래서 〈수학의 정석〉은 순차적으로 진도를 나가는데, 보조교재를 함께 사용하는 경우 그 보조교재는 앞으로 갔다 뒤로 갔다 순서를 왔다 갔다 해야 하니 아이들이 큰 혼란을 겪습니다. 그래서 대치동의 일부 선생님들은 보조교재의 문제들을 〈수학의 정석〉의 순서에 맞춰서 다시 정렬하지만, 기본적으로 체계가 다르기 때문에 받아들이는 아이들은 어려움을 느낍니다. 아이들이 고등 과정, 특히 수학-상을 처음 배울 때 많이 어려워한다면 실력의 문제일 수도 있지만, 서로 다른 체계를 하나로 합치면서 생긴 문제일 수 있다는 걸 알아두시면 좋을 것 같습니다.

풀이 과정이 담긴 노트를 꼭 마련해야 합니다

〈수학의 정석〉의 지면 구성을 보면 풀이를 쓸 공간이 전혀 없습니다. 그러면 일부 아이들은 연습장에 풀이를 쓰고 답만 문제집에 적는데, 이러면 절대 안 됩니다. 왜냐하면 아이들이 지금 문제를 푼 방식을 나중에는 전혀 기억하지 못하거든요. 특히 선행을 할 때 더 그렇습니다.

그러니 푸는 문제집마다 풀이 노트를 준비해서 흔적을 남겨야 합니다. 그렇지 않으면 나중에 똑같은 문제를 줬을 때 자신이 그 문제를 어떻게 풀었는지 아예 기억을 못 해 틀릴 수 있습니다. 풀이 노트는 워크북의 형태로 만들어 자기의 문제 풀이 흔적들을 남김으로써 나중에 찾아볼 수 있게 하면 좋습니다.

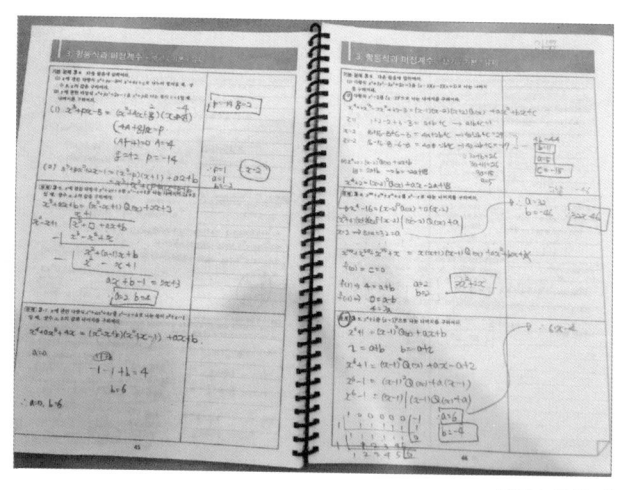

풀이 노트의 예

이렇게 만든 워크북 형태의 풀이 노트를 활용한다고 해도 어차피 문제의 답을 확인하려면 〈수학의 정석〉 원본이 필요합니다. 왜냐하면 〈수학의 정석〉 원본에 기본 문제의 답이 있기 때문이죠. 그래서 풀이 노트와 〈수학의 정석〉 원본은 따로 준비한다고 생각하시면 좋습니다.

저는 개인적으로 출판사에서 〈수학의 정석〉에 나오는 문제만 모아놓은 워크북을 따로 출시하면 좋겠습니다. 그러면 선생님과 아이들 모두 한결 편하게 수업을 진행할 수 있을 테니까요.

아무튼 꼭 자신의 문제 풀이 흔적을 남기고 나중에 다시 찾을 수 있게끔 습관을 들이기를 추천합니다.

꼭 보조교재와 함께 진행해야 합니다

〈수학의 정석〉은 문제가 굉장히 다양하고 깔끔하게 정리가 잘되어 있지만, 반드시 보조교재가 있어야 합니다. 왜냐하면 〈수학의 정석〉은 개념과 문제 풀이를 굉장히 자세히 적어놔서 같은 두께의 문제집과 비교하면 문제 수가 적기 때문입니다. 그래서 〈수학의 정석〉을 통해 기본 개념과 문제의 틀을 세우고 보조교재를 통해 다양한 유형의 문제를 연습할 필요가 있습니다.

〈수학의 정석〉의 '기본문제', '유제'의 난이도와 '연습문제'의 난이도가 매우 크게 차이 나는 것도 보조교재가 필요한 이유입니다. 〈수학의 정석〉의 '기본문제', '유제'만 풀고 바로 '연습문제'를 풀면 아이들이 너무 힘들어합니다. 이 문제점을 해결하려면 보조교재를 풀어서 그 간극을 메워야 합니다. 그렇지 않으면 '연습문제'를 풀면서 크게 좌절할 수 있습니다.

대치동에서 일반적으로 진행하는 최적의 고등수학 문제집 조합은 기본 과정일 땐 〈기본 수학의 정석〉과 〈RPM〉을 같이 풀리고, 심화 과정에서는 〈실력 수학의 정석〉과 〈쎈〉을 같이 풀리는 것입니다. 〈RPM〉과 〈쎈〉은 문제의 유형이 다양한, 문제 중심의 문제집입니다. 그렇기 때문에 개념 중심의 〈수학의 정석〉과 문제 풀이 중심의 보조교재로 균형을 맞추는 것입니다. 물론 〈수학의 정석〉만 하면 진도는 더 빠르게 나갈 수 있지만, 개념의 틀만 세우면 나중에 다양한 문제 유형 앞에서 좌절할 수 있습니다. 그러니 반드시 보조교재와 함께 사용하시길 추천합니다.

이런 요소들을 고려한 고등수학 최적의 공부 순서는 이렇습니다

기본 과정의 경우(2회독 기준): 〈기본 수학의 정석〉 + 〈RPM〉
 • 처음에 진도를 나갈 때: 〈기본 수학의 정석〉의 '기본문제'와 '유제', 〈RPM〉의 '교과서 문제 정복하기'와 '유형 익히기'를 같이

풀립니다. 난이도가 비슷해서 아이들이 큰 어려움 없이 같이 할 수 있습니다.

• 아이가 조금 더 잘한다 싶으면: 〈RPM〉의 '시험에 꼭 나오는 문제' 부분을 풉니다. 이 부분은 〈수학의 정석〉의 '기본문제'와 '유제'보다 조금 더 어렵지만 그래도 할 만합니다.

• 기본 과정을 두 번째 풀릴 때: 〈기본 수학의 정석〉의 '연습문제', 〈RPM〉의 '서술형 주관식'과 '실력 UP'을 함께 풉니다. 〈수학의 정석〉의 '연습문제'는 매우 어렵기 때문에 사전에 충분한 연습을 하지 않고 바로 풀면 아이들이 좌절할 수 있습니다.

심화 과정의 경우(2회독 기준): 〈실력 수학의 정석〉 + 〈쎈〉

• 1회독 시: 〈실력 수학의 정석〉의 '기본문제'와 '유제', 〈쎈〉의 A스텝과 B스텝을 풉니다.

• 2회독 시: 〈실력 수학의 정석〉의 '기본 연습문제'와 '실력 연습문제', 〈쎈〉의 C스텝을 함께 풉니다. 난이도를 보면 〈실력 수학의 정석〉의 '연습문제'와 〈쎈〉의 C스텝은 정말 많이 어렵습니다. 여기서 몇 문제는 '이런 문제도 있으니 그냥 풀이를 외워'라고 낸 것이 아닐까라는 생각이 들 정도입니다. 그러니 아이들이 이 부분을 어려워하는 것은 당연한 일입니다. 혹시 〈실력 수학의 정석〉 '연습문제'와 〈쎈〉의 C스텝을 못 풀겠다고 하면 아직 시간이 더 필요한 것이니 더 진행하지 말고 〈실력 수학의 정석〉의 '기본문제',

'유제'와 〈쎈〉의 A스텝과 B스텝을 충분히 연습시켜야 합니다. 그러다 보면 그다음 단계에 도전할 수 있게 될 것입니다. 무리하다가 다칠 바엔 천천히 가는 게 효과적입니다.

이렇게 〈기본 수학의 정석〉을 두 단계에 걸처서 하고, 〈실력 수학의 정석〉을 두 단계에 걸처서 하면 효과적으로 한 과정을 마무리할 수 있습니다.

고등수학의 정석으로 불리는 〈수학의 정석〉은 좋은 문제집이지만 그 사용법이 조금 까다롭기 때문에 반드시 원칙과 절차를 지켜서 공부해야 합니다.

대치동으로 학원을 옮기고 싶다면 이렇게 해보세요

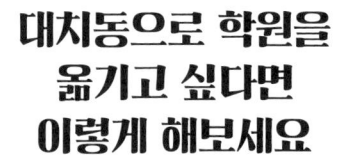

많은 부모님이 아이가 고학년이 될수록 대치동으로 학원을 보내야 할까, 말아야 할까를 고민하십니다. 제가 대치동에서 아이들을 가르치다 보니 어떤 경우에 잘되는지, 어떤 경우에 실패하는지, 어떻게 하는 게 가장 효과적인지를 체득하게 됐는데요. 그것을 바탕으로 조언을 드리겠습니다.

다른 지역에 사는 아이들이 대치동으로 학습하러 오는 경우는 두 가지입니다.

첫 번째는, 아이의 실력이 뛰어난 경우입니다. 저는 분당과 평촌, 위례, 중계동, 심지어 목동에서 오는 아이들도 봤거든요. 그 아이들을 지도하다 보면 확실히 재능이 뛰어나다는 것이 느껴집니다. 아마도 자신이 사는 지역에서 자기 수준에 맞는 학습 방법을 못 찾으니 대치동으로 온 것이 아닌가 싶을 정도입니다. 이런 아이들은 대치동에 적응하는 데 시간은 좀 걸리지만 결과적으로 좋은 성과를 거두는 경우가 대부분입니다. 그동안 자신이 꽤 잘한다고 생각했지만 더 잘하는 친구들을 만나면서 겸손함도 배우고 실력 향상에 대한 동기도 얻기 때문입니다. 아주 바람직한 경우이지요.

두 번째는, 부모님의 선택으로 대치동에 오는 경우입니다. 물론 그 선택이 아이의 학습 상황과 맞으면 더 좋겠지만, 부모님께서 우리 아이가 더 큰 물에서 공부하면 좋겠다고 생각해서 결단을 감행하는 경우들이 많습니다.

그런데 이런 경우에는 잘되는 경우도 물론 있지만, 자신이 해오던 공부 수준과 격차가 너무 커서 크게 좌절하는 경우도 있습니다. 중학교 때 전교 3등을 하던 아이가 영재고나 민사고에 가서 뒤에서 3등을 하면 이루 말할 수 없는 고통을 느끼는 것과 같습니다. 이런 일은 부모님의 자녀에 대한 기대와 실제 그 자녀가 가진 역량이 크게 차이 날수록 더 두드러지게 발현됩니다.

자녀에게 미리 알리지 않고 대치동으로 이사를 오는 경우도 있는데, 이 경우 대치동 생활에 적응하기까지 부모님과 아이가 꽤 많은 노력을 들여야 합니다. 불쑥불쑥 '차라리 안 오는 게 더 나았다'는 생각이 들 수 있거든요.

"우리 아이가 잘 견뎌낼까요?"

그러면 우리 아이가 잘하는 것 같기는 한데 어느 정도 잘하는지를 알고 싶고, 이 정도 수준으로 대치동에 가면 과연 우리 아이가 잘 견딜 수 있을지는 어떻게 판단해야 할까요?

가장 좋은 방법은 대치동에 오기 전에 미리 준비 시간을 갖는 것입니다. 무슨 말이냐고요? 대부분의 경우 대치동에서 정규반은 주 2회 이상 수업을 하지만, 그에 못지않게 주말 특강이나 일주일에 1회 하는 특강이 많습니다. 대개 특강 시간은 1회에 3시간 정도 하고요. 일주일에 1회 정도니까 다녀가기에 큰 부담이 없습니다. 그러니 일주일에 1회 정도만 일단 대치동에서 수업을 들어보기를 추천합니다.

주말 특강은 정규반과 분위기가 크게 다르지 않습니다. 그래서 똑똑한 아이들은 7~8회 하는 특강을 들으면서 '이 정도가 내가 감내해야 할 학습 분위기구나'라고 생각합니다. 제가 아는 한 아이도 이렇게 특강으로 시작해서 결국 대치동 학원에 성공적으로 정착했습니다. 처음에 한 과목을 시도했다가 적응해서 자리를 잡으면 다른 과목도 특강을 들어보고, 괜찮으면 정규반에 등록하는 식으로 늘려가면 됩니다. 이렇게 하면 처음엔 자극이 세겠지만, 순차적으로 진행되기 때문에 적응에 필요한 마음의 여유가 생깁니다.

이 과정은 대개 2~3개월 정도 걸립니다. 그 시간 동안 약간 어정정한 상태일 텐데 부모님과 아이 모두 감내해야 합니다. 이런 준비 과정은 무작정 대치동으로 와서 느낄 고통에 비하면 정말 작다고 생각합니다.

물론 거리가 멀면 오가는 데 시간이 걸릴 수 있지만, 아이와 부모님이 대치동의 학습 문화를 체득하는 준비 시간을 가지면 확실히 성공 확률이 높아집니다. 그 과정에서 아이의 실력이 어느 정도인지를 객관적으로 평가할 수도 있습니다. 그리고 막연히 대치동이 두려웠던 아이들은 '이 정도구나' 하고 감이 오면 막연한 두려움이 확실한 결론으로 바뀌면서 큰 도움이 됩니다.

이렇게라도 경험하지 않으면 오랜 시간 동안 할까 말까만 고민하게 됩니다. 간단한 도전으로 우리가 가졌던 의문점을 해결한다면 그것만으로도 큰 의미가 있지 않을까 싶습니다.

학원 입학 테스트,
이렇게 준비하세요

대부분 초등 과정 학원에서 중등 과정 학원으로 이동할 때, 중등 과정 학원에서 고등 과정 학원으로 이동할 때, 혹은 같은 과정인데 다른 학원으로 이동할 때 반드시 입학 테스트를 치르게 됩니다. 말 그대로 입학 테스트는 입학을 위한 테스트이지만 어떻게 받아들이느냐에 따라 다르게 인식됩니다.

일단, 입학 테스트는 그 목적에 따라 크게 두 가지로 나뉩니다. 현재 실력이 어느 정도인지 확인하기 위한 입학 테스트가 있고요. 다른 하나는, 내가 가고 싶은 학원이나 기관에 합격하기 위해서 보는 입학 테스트가 있습니다. 그 목적이 첫 번째냐 두 번째냐에 따라 준비 과정은 확연히 달라집니다.

사실 학원의 입학 테스트는 매우 어렵습니다. 어렵다는 기준이 좀 다를 수 있지만, 아이와 학원이 처음 만나는 자리가 입학 테스트이기 때문에 '이 곳은 만만치 않은 곳이구나'라는 인상을 주기 위해 어렵게 내는 것이죠. 물론 기본 과정을 위한 입학 테스트인지 심화 과정을 위한 입학 테스트인지에 따라 난이도가 달라질 수 있지만, 전체적으로 난이도가 높은 편입니다.

그럼, 학원 입학 테스트는 어떻게 준비해야 할까요?

현재 실력을 알아보기 위해서라면

만약 실력이 현재 어느 수준인지 확인할 목적으로 입학 테스트를 보는 것이라면 그냥 가서 봐도 됩니다. 말 그대로 아이의 현재 실력을 확인하기 위한 용도이기 때문이죠. 그렇게 시험을 한두 군데 보다 보면 학원이 원하는 실력의 정도를 감 잡을 수 있습니다. 다만, 실력 점검을 위한 입학 테스트인 만큼 결과가 조금 좋지 않더라도 '지금 실력은 이 정도구나' 하고 이해하는 게 좋습니다.

원하는 학원이나 기관에 입학하기 위해서라면

하지만 내가 가고 싶은 학원이나 기관에 합격하기 위해서 보는 입학 테스트라면 '꼭 이곳에 입학하고 싶다'는 목적을 이루기 위해 반드시 테스트를 준비해야 합니다. 이것은 마치 보디빌더 선수가 프로필 사진을 찍는 것과 비슷합니다. 보디빌더 선수들은 기본적으로 몸이 좋지만, 프로필 사진을 찍기 한 달이나 두 달 전부터 식단 관리를 하고 막판에는 수분 조절까지 하면서 근육을 보다 선명하게 만드는 준비를 최대한 합니다. 입학 테스트도 마찬가지입니다. 목표로 하는 곳에 반드시 합격하는 점수를 내기 위해 중간고사, 기말고사를 준비하듯 입학 테스트를 준비해야 하는 것은 물론 최상의 실력을 낼 수 있는 컨디션으로 시험을 치를 수 있게 해야 합니다.

저는 그런 경우에 두 단계에 걸쳐 준비를 시킵니다. 1단계로, 그동안 배운 개념을 백지에 정리하고 나서 풀었던 교재를 점검합니다. 그중에서 오답을 다시 풀어보면서 그동안 배웠던 교재들에 대한 감을 살립니다. 2단계로는, 준비 시간이 많지 않은 경우를 감안해 너무 두껍지 않은 심화 교재를 선택해서 아이의 실력에 맞춰 스텝 1과 스텝 2를 풀리던, 스텝 2와 스텝 3을 풀리던지 해서 과정을 전체적으로 훑게 합니다. 중등 과정이 끝나가는 시점이라면 대부분의 시험 범위가 중학교 2학년 1학기부터 중학교 3학년 2학기까지 총 4학기 분량인 경우가 많습니다. 그 범위를 기본 교재의 오답 정리로 실력을 되살리고 심화 문제집에서 특정 영역을 골라 풀면서 실전 문제에 대한 감을 기른 뒤에 그 교재에 대한 오답노트까지 작성합니다. 그래야 원하는 결과를 얻을 가능성이 높습니나.

　제가 아이들의 입학 테스트를 준비하면서 느낀 것은 합격 여부에 따라 부모님들이 울거나 웃는다는 것입니다. 그만큼 입학 테스트가 아이나 부모님에게 의미가 크고 정성껏 준비한다는 뜻이겠죠. 입학 테스트의 목적이 무엇이든 준비하고 테스트를 보는 과정에서 아이도 부모님도 지치지 않고 잘 견뎌내셔서 원하는 성과를 얻으시기를 바랍니다.

대치동에서도 실패하는
일은 많습니다

대치동에서 공부하면 특목고를 거쳐서 명문대 혹은 서울에 있는 중상위권 대학교는 당연하게 갈 것 같지만, 모두 그런 것은 아닙니다. 온전히 자녀 교육에 투자한 대치동의 부모님들 중에도 다양한 원인으로 자녀 교육에 실패하는 경우를 많이 봤거든요. 부모의 전폭적인 지원이 있음에도 공부에 실패하는 가장 큰 원인은 대치동에 모인 사람들의 기준이 너무 높고, 그로 인해 아이들이 느끼는 압박감이 너무 크기 때문입니다.

'대치동'이라는 특수성

제가 설명회와 간담회를 하면 맨 처음에 학부모님들께 이런 질문을 합니다.

"대치동에서 얼마 정도를 가셔야 부자인가요?"

그리고 주변에 재력가가 있는지를 묻습니다. 그런데 정말 대단하게도 모든 간담회에서 "100억 원 이상 혹은 200억 원 이상의 자산가를 알고 있다"는 대답이 나옵니다. 본인이 그렇게 가졌다는 것이 아니라 '내가 그런 사람을 알고 있다'라고 합니다. 부모님들의 대답을 다 듣고 나서 "대치동에서 부자와 대치동에서 공부 잘하는 아이들의 수는 비슷합니다"라고 비유합니다. 이렇게 비유하면 아이들이 겪는 학업의 압박감에 대해 감을 잘 못 잡으시던 분들도 좀 더 쉽게 공감하십니다.

예를 들면 이렇습니다. 대치동에 있는 아파트들은 대부분 시가가 20억 원 이상입니다. 사실 직장인들이 월급을 받아 저축해서 20억 원짜리 아파트를 사는 것이 쉬운 일이 아닌데, 대치동에는 그런 아파트에서 사는 사람들이 너무 많아요. 자동차 역시 대치동에는 BMW와 벤츠가 굉장히 많아서 자동차로 뽐내려면 람보르기니나 벤틀리 정도는 끌어야 합니다. 그만큼 이곳에 사는 사람들의 경제적 수준이 굉장히 높습니다.

아이들의 공부 수준도 똑같습니다. 대치동에서 고가 아파트와

314

고가 자동차의 수는 경시대회 입상자 수와 거의 비슷하다고 생각하시면 될 것 같습니다.

대치동이 절대적 기준이 될 순 없습니다

대치동에는 놀라운 애들이 무척 많습니다. 중등수학 2학년 1학기 과정을 수업 5회 만에 끝내는 아이도 있고, 고등수학 1학년 과정을 다 하고도 너무 재미있다면서 심화 문제집까지 한꺼번에 계속 푸는 초등학생도 있습니다. 문제 푸는 게 좋다면서요. 그런데 문제는, 잘하는 아이 옆에 보통 아이가 있고, 그 옆에 더 못하는 아이가 있다는 것입니다. 부모 입장에서는 내 아이의 친구가 경시대회 상을 타면 "친구는 상을 탔는데 왜 너는 못 하니?"라고 다그치는데, 아이 입장에서는 자신이 할 수 없는 것을 요구하는 것처럼 들립니다. 만약 머리가 좀 큰 아이라면 이렇게 반문할 수도 있어요. "내 친구의 엄마는 롤스로이스를 타는데 왜 우리 집은 롤스로이스가 아니에요?" 이게 똑같은 질문이거든요.

원래 그 정도까지 잘하거나 그 정도까지 부자인 사람들은 전국적으로도 몇 안 됩니다. 그런데 그런 사람들이 비슷한 사람들을 찾아 모인 곳이 대치동인 거예요. 그리고 내 옆에 있는 친구가 엄청 공부 잘하는 학생이 되는 것과 내가 그렇게 되는 건 다른 문제인

겁니다. 이러한 현실을 깨닫지 못하면 공부를 엄청 잘하는 아이를 기준으로 잡고 우리 아이의 실력과는 상관없이 무리해서 선행을 하다가 결국 공부를 망치고 맙니다.

대치동 학원들의 많은 커리큘럼이 진도가 굉장히 빠르고 수업 내용이 어려운 경우가 많은데 그 과정에서 살아남는 아이들이 꽤 되니 내 아이도 대치동에 있으면 그렇게 할 수 있을 것 같은 느낌이 올 수도 있습니다. 하지만 현실은 그 느낌을 빗나갈 수 있습니다. 공부를 너무 잘하는 아이들 틈바구니에서 부모님도 괴롭고 아이도 괴로워질 수 있거든요.

솔직히 말씀드리면, 이곳의 커리큘럼을 견딜 수 없을 것 같으면 차라리 안 오는 것도 괜찮다고 생각합니다. 같이 있으면 압박감을 느낄 수밖에 없거든요. 이와는 반대로, 정작 공부를 되게 잘하는 아이들은 대치동에 올 수밖에 없습니다. 왜냐하면 그 정도 실력을 가진 아이들을 받아들일 수 있는 시스템은 대치동밖에 없으니까요. 이런 현실은 부모님의 잘못도 아니고 아이의 잘못도 아닌데 집단의 특수성 때문에 개인이 너무 고통을 받는다는 생각이 듭니다.

학년이 올라갈수록 실력이 눈에 띄게 향상되는 아이들이 많이 보일 텐데, 그런 아이들은 그런 아이들이고 우리 아이는 우리 아이만의 길이 있다는 생각으로 그 길을 찾아가야 합니다. 이때 조급함은 모든 일을 망치는 지름길이니, 오늘도 자녀를 토닥토닥 보듬으며 차분히 우리 아이만의 길을 함께 가면 좋겠습니다.

오답노트 예시

원칙 : 아는 것은 확실히 알자

반복 ① ② ③ ④ ⑤ ⑥ ⑦

문제

단원

POINT

단원

풀이

반복 ① ② ③ ④ ⑤ ⑥ ⑦

문제

단원

POINT

단원

풀이

접는 선

오답노트 예시

출처 : 이는 것은 확실히 알자	
반복 ① ② ③ ④ ⑤ ⑥ ⑦	**반복** ① ② ③ ④ ⑤ ⑥ ⑦
문제	문제
단원	단원
POINT	**POINT**
풀이	풀이

접는 선